Arbeit, Friede, Brot?

Kieler Werkstücke

Reihe A:
Beiträge zur schleswig-holsteinischen
und skandinavischen Geschichte

Herausgegeben von Oliver Auge
Begründet von Erich Hoffmann

Band 59

PETER LANG

Jan Ocker

Arbeit, Friede, Brot?
Die agrarische Kultivierung
des Truppenübungsplatzes Lockstedt
(1920–1930)

PETER LANG

Bibliografische Information der Deutschen Nationalbibliothek
Die Deutsche Nationalbibliothek verzeichnet diese Publikation in der
Deutschen Nationalbibliografie; detaillierte bibliografische Daten sind im
Internet über http://dnb.d-nb.de abrufbar.

ISSN 0936-4005
ISBN 978-3-631-86371-8 (Print)
E-ISBN 978-3-631-86392-3 (E-PDF)
E-ISBN 978-3-631-86393-0 (EPUB)
DOI 10.3726/b18857

Inhaltsverzeichnis

III. „Rentengutssache Lockstedter Lager" (RS 61): Nachbetrachtung

Danksagung

Alte Ansichtskarten mit Motiven des Truppenübungsplatzes Lockstedt, die Dorfschaften mit ihren Gehöften und der Feldmark sowie nicht zuletzt auch die Gespräche mit Siedlernachfahren gaben den Impuls, sich der agrarischen Kultivierung eines ehemals bedeutsamen Militärgeländes in Holstein anzunehmen. Wo bis zum Ersten Weltkrieg die Soldaten des IX. Armeekorps ausgebildet wurden, entstand ab 1920 mit der „Rentengutssache Lockstedter Lager" ein Siedlungsprojekt von nationalem Interesse, das heute im überregionalen Kontext allerdings weitgehend in Vergessenheit geraten ist.

Die quellenbasierte Abhandlung stützt sich vor allem auf die archivalische Überlieferung aus dem Schleswig-Holsteinischen Landesarchiv in Schleswig, weshalb ich zuvorderst den Mitarbeiterinnen und Mitarbeitern im Prinzenpalais meinen herzlichsten Dank für die Aktenbereitstellung, die freundliche Auskunft und ein stets offenes Ohr, zumal unter erschwerten Konditionen in diesen denkwürdigen Zeiten, aussprechen möchte.

Für die inhaltliche Begleitung der Studie danke ich Herrn Prof. Dr. Oliver Auge (Lehrstuhl für Regionalgeschichte an der Christian-Albrechts-Universität zu Kiel) sowie Herrn Prof. Dr. Martin Krieger (Lehrstuhl für die Geschichte Nordeuropas an der Christian-Albrechts-Universität zu Kiel). Herrn Prof. Auge bin ich überdies zu aufrichtigem Dank verpflichtet, dass er in seiner Funktion als Herausgeber angeregt hat, die Arbeit in die „Reihe A: Beiträge zur schleswig-holsteinischen und skandinavischen Geschichte" der „Kieler Werkstücke" aufzunehmen.

Danken möchte ich auch dem Peter-Lang-Verlag für die sehr gute Zusammenarbeit von der ersten Kontaktaufnahme bis zur erfolgreichen Drucklegung des Werkes.

Mein größter Dank gilt abschließend meiner Familie, ohne deren fortwährende Unterstützung das historische Arbeiten in dieser Form überhaupt nicht möglich wäre. Meinen Eltern, meinen beiden Geschwistern sowie meinen Großeltern danke ich für die stete Motivation, den bereichernden Austausch und den bedingungslosen Rückhalt, dessen ich mich glücklich schätzen darf.

Hohenaspe/Kiel, September 2021
Jan Ocker

I. „Rentengutssache Lockstedter Lager" (RS 61): Vorbetrachtung

„Arbeit | Friede | Brot"

Drei zentrale Begriffe von existenzieller Bedeutung zieren den am 1. August 1921 herausgegebenen Notgeldschein des Ortes Lockstedter Lager,[1] der sich zu diesem Zeitpunkt noch aus dem etwa 4.500 Hektar großen Gutsbezirk (Truppenübungsplatz inklusive des eigentlichen „Lagers")[2] sowie den zu Lohbarbek respektive Winseldorf gehörenden Teilen zusammengesetzt hatte, ehe das Areal im Jahre 1927 zunächst Landgemeinde gleichen Namens und 1956 dann – infolge einer nach 1945 offensiv geführten Debatte zum Wort „Lager" – Hohenlockstedt („Holo") wurde.[3] Das schmuckvolle Papier bildet das Abschlussblättchen einer sechsteiligen 50-Pfennig-Serie, die anhand markanter Ereignisse die 50-jährige Geschichte des Truppenübungsplatzes

---

1 Privatsammlung Jan Ocker, Hohenaspe (PS JO), Notgeldschein Lockstedter Lager, 50 Pfennig, 1921 (Nr. 6; Motiv: „1921"). – Abgebildet ist der Schein bei THATJE, Reinhard: Bilddokumentation zu den Notgeldausgaben im Kreis Steinburg 1917–1923, in: Steinburger Jahrbuch 30 (1986), S. 35–67, hier S. 61. – Siehe Anhang, Nr. 1: Notgeldschein Lockstedter Lager (1921).

2 BOYENS, Wilhelm F.: Bedeutung und Stand der inneren Kolonisation in Schleswig-Holstein (Schriften zur Förderung der inneren Kolonisation, Bd. 41), Berlin 1929, S. 53 (das Dorf Ridders ist aber, anders als Boyens schreibt, nicht erst 1906, sondern bereits 1898 vom Deutschen Reich übernommen worden). – GLISMANN, Hans A.: Die Geschichte des Truppenübungsplatzes Lockstedter Lager und seine Entwicklung zum Industrieort Hohenlockstedt, Itzehoe 1962, S. 48, gibt die Größe dagegen irrtümlicherweise mit „etwa 60 qkm" an. – Die (realisierten) Pläne der ersten Erweiterung von 1896, die 1898 in den zweiten Ausbau mündeten, sahen einen „4.500 Hektar nicht übersteigenden Truppen-Uebungsplatz" vor: Stenographische Berichte über die Verhandlungen des Reichstages. 9. Legislaturperiode. IV. Session 1895/97, Anlagebd. 2: Nr. 88 bis 286 der amtlichen Drucksachen des Reichstages, Berlin 1896, S. 1051. – Die Flächenangabe von 4.500 Hektar begegnet zudem in den Dokumenten der 1920er-Jahre und entspricht nicht zuletzt auch der heutigen Gemeindegröße. – Siehe zur geographischen Lage des Gebietes die Karte bei NAGEL, Jacob: Beitrag zur Siedelungskunde und Bevölkerungsverteilung des Kreises Steinburg, in: HEIMATBUCH-KOMMISSION (Hrsg.): Heimatbuch des Kreises Steinburg, Bd. 1, Glückstadt 1924, S. 423–440, hier zw. S. 424 u. 425.

3 GLISMANN: Hohenlockstedt, S. 17. – Siehe zum Industriestandort Hohenlockstedt nach dem Zweiten Weltkrieg RITTER, Alexander: Entwicklung, Struktur und Funktion der ländlichen Industriegemeinde Hohenlockstedt (Kreis Steinburg), in: STEWIG, Reinhard (Hrsg.): Beiträge zur geographischen Landeskunde und Regionalforschung in Schleswig-Holstein. Oskar Schmieder zum 80. Geburtstag (Schriften des Geographischen Instituts der Universität Kiel, Bd. 37), Kiel 1971, S. 93–119.

Lockstedt vom Deutsch-Französischen Krieg bis in die Zeit nach dem Ersten Weltkrieg erzählt.[4] Gedruckt in Lübeck von Hugo Georg Rahtgens, zeichnete der Steinburger Künstler Hans Christian Delfs, der in der benachbarten Kleinstadt Kellinghusen lebte und dem das Gebiet folglich persönlich vertraut war, für die graphische Gestaltung verantwortlich.[5]

Als „Lola" konnte das aus einem anfänglich wenig bedeutsamen Artillerie-Schießplatz hervorgegangene wichtige Truppengelände des IX. Armeekorps reichsweite Bekanntheit erreichen, um im Zuge des Ersten Weltkrieges und des Versailler Vertrages nach einem halben Säkulum nun – 1920 – am Scheideweg zu stehen. Schon ein Jahr später hatte der militärisch genutzte Platz seinen Charakter grundlegend geändert, worauf denn auch der Schein verweist. Neben den drei gewählten Schlagworten, die als zeitgenössisches Standardvokabular des politischen Wahlkampfes betrachtet werden dürfen – bei der Suche nach einer möglichen konkreten Vorlage wäre deshalb einerseits etwa an das 1919 von Wera von Bartels für das Bayerische Schützenkorps gefertigte Plakat,[6] andererseits aber genauso an den Titel eines 1911 erschienenen Werkes zur dänischen Kunsthistorie[7] zu denken –, liefert der frühzeitig

---

4 Siehe hierzu teils recht polemisch [EVERS, Ulf:] Lockstedter Lager. Eine Notgeld-Moritat, [2020]: URL: https://www.denk-mal-gegen-krieg.de/assets/Uploads/Lockstedter-Lager-eine-Notgeld-Moritat2.pdf (letzter Zugriff: 05.05.2021). Im Dokument wird kein Verfasser genannt, der sich wiederum nur mittelbar erschließen lässt über die Homepage der Initiative „Denk mal!", wobei es sich um ein 2014 gegründetes Projekt des Arbeitsbereiches Erinnerungskultur der Evangelischen Akademie der Nordkirche handelt (Gesamtleitung: Dr. Stephan Linck).

5 RESCHKE, Wolfgang: Notgeld im Kreis Steinburg von 1914 bis 1923. Ein Überblick, in: Steinburger Jahrbuch 30 (1986), S. 10–34, hier S. 24. – Der aus Böhmen stammende und ab 1907 in Itzehoe ansässige Künstler Wenzel Hablik hatte 1918 die Notgeldserie (1, 2, 5, 10, 20 u. 50 Mark) für den Kreis Steinburg entworfen und auf den Scheinen unter anderem den propagandistisch-patriarchalen Ausspruch „Not bricht Eisen, aber keine Männer" wirkmächtig in oberster Reihe notiert: PS JO, Notgeldschein Kreis Steinburg, 1 Mark, 1918; RESCHKE: Notgeld, S. 17 f.; THATJE: Bilddokumentation, S. 66 f. (1918). Zudem fertigte Hablik 1921 und 1923 die ihrer Gestaltung wegen gerühmten Notgeldserien (25, 50, 75 Pfennig u. 1 Mark respektive 1.000.000 u. 5.000.000 Mark) für die Stadt Itzehoe an: GRÄBER, Katharina: Wenzel Hablik als Designer, in: MAIBAUM, Katrin/GRÄBER, Katharina (Hrsg.): Wenzel Hablik. Expressionistische Utopien. Malerei, Zeichnung, Architektur, München/London/New York 2017, S. 142–171, hier S. 164 f. (1921). – RESCHKE: Notgeld, 22 f. u. 24–26 (1921) u. 31 (1923). – THATJE: Bilddokumentation, S. 48–51 (1923).

6 Das Plakat („!Friede Arbeit! | Brot! | Wollt Ihr das haben, dann meldet Euch beim | Bayerischen Schützenkorps") befindet sich in der Deutschen Nationalbibliothek, Leipzig, Plakat, Wera von Bartels, 1919 (Signatur: Nov.5.98).

7 O. N.: Arbeit/Brot und Friede. Dänische Maler von Jens Juel bis zur Gegenwart, Düsseldorf/Leipzig [1911]. Es ist nicht unwahrscheinlich, dass Delfs das Werk mit

in Sammlerkreisen begehrte Schein noch mehr Informationen. Vor der auf-
gehenden Sonne,[8] die das Bild eines Idylls zu erzeugen vermag, steht im
Mittelpunkt der Szenerie ein Mann, der mithilfe eines vor dem Pflug ange-
spannten Pferdes das bis dato unbearbeitet anmutende Feld in Kultur zu
bringen sucht. Die Person wird nicht zuletzt durch die schwarzen Majuskeln
als „DER SIEDLER" ausgewiesen. Den Erfolg der Bemühungen und der
körperlichen Anstrengungen für Mensch und Tier prophezeit darüber hinaus
der unten angebrachte Spruch „Sich regen, bringt Segen", der für die Zeit
von 1919 bis 1922 auch auf dem 50-Pfennig-Geldstück zu finden ist.

Das Motiv leitet unmittelbar zu der in der vorliegenden Studie behan-
delten „Rentengutssache Lockstedter Lager" über, die bei den zuständigen
Behörden, womit das Kulturamt Heide und das Landeskulturamt Hannover
beziehungsweise ab 1922 das neu geschaffene Landeskulturamt Schleswig
gemeint sind,[9] lediglich den im Weiteren dieser Arbeit verwendeten Kurz-
titel „RS 61" erhielt. Die Errichtung von Rentengütern, die qua Gesetz ab
1890 im Königreich Preußen entstanden,[10] stellt im Grunde wahrlich keine
Besonderheit dar. Finanzierbare Hofstellen mit eigenem Landbesitz auf ehe-
maligem Ödland erwuchsen in allen Territorien des preußischen Staates. Die
Aufgabe eines Truppenübungsplatzes und die landwirtschaftliche Besiedlung
durch kurz zuvor noch in militärischen Diensten stehende Männer, die verschiedenen Freikorps entstammten und fern ihrer zumeist im Südwesten des
Deutschen Reiches gelegenen Heimatdörfer fortan in Holstein eine dauer-
hafte Bleibe erhalten sollten, ist demgegenüber allerdings besonders.

---

seinen vielen idyllischen Ansichten, bei denen Erik Pauelsens „Dänische Landschaft"
(S. 4), Johan Frederik Nikolai Vermehrens „Ein jütländischer Hirt" (S. 45), Peter
Vilhelm Carl Kyhns „Aussicht über flaches Land" (S. 53) und Hans Gabriel Friis'
„Ein Sommertag auf der jütländischen Heide" (S. 57) zu nennen sind, kannte.

8 Vgl. etwa die von dem Bodenreformer Adolf Pohlman entworfene Karte, die bei
OCKER, Jan: „Um soziale Gerechtigkeit zu erzielen, bedarf es keiner Kunststücke."
Adolf Pohlman-Hohenaspe (1854–1920) und die deutsche Bodenreform, in:
Zeitschrift der Gesellschaft für Schleswig-Holsteinische Geschichte 145 (2020),
S. 12–79, hier S. 12, abgebildet ist. – DERS.: Von Holstein hinaus in die Welt.
Eine Lebensskizze des gebürtigen Hohenaspers Adolf Pohlman (1854–1920),
in: Steinburger Jahrbuch 64 (2020), S. 127–140.

9 VOLQUARDSEN, J. Volkert: Die Auseinandersetzungs- und Landeskulturbehörden
in Schleswig-Holstein, in: Innere Kolonisation. Zeitschrift für Fragen der Siedlung,
Landesplanung, Agrarstruktur und Flurbereinigung 10 (1961), Nr. 9/10, S. 214–
225. – GESELLSCHAFT ZUR FÖRDERUNG DER INNEREN KOLONISATION E. V. IN BONN
(Hrsg.): 40 Jahre Landeskulturbehörden in Schleswig-Holstein, Berlin/Bonn 1962.

10 Gesetz über Rentengüter. Vom 27. Juni 1890, in: Gesetz-Sammlung für die Königlichen Preußischen Staaten (1890), Nr. 32, S. 209 f. (das Gesetz ist indes ausgestellt
„im Schloß zu Kiel").

Trotz der verminderten Truppenstärke auf 100.000 Angehörige konnte die Reichswehr nämlich indes die meisten Plätze über den Ersten Weltkrieg hinaus bewahren (und später an die Wehrmacht übergeben).[11] In Preußen lagen die Verhältnisse in dieser Hinsicht tatsächlich ein wenig anders: Hier war der Siedlungsgedanke allem Anschein nach stärker ausgeprägt, weshalb nicht nur über die agrarische Kultivierung des Truppenübungsplatzes für das IX. Armeekorps (Lockstedt), sondern auch für das X. Armeekorps (Munster) beraten wurde. Hätte es auf dem dortigen Gasplatz Breloh im Jahre 1919 keine Explosion gegeben, die zum Überdenken der Pläne führte, wäre eine projektierte landwirtschaftliche Nutzung möglich gewesen; so wurde die Produktion der exportierten Giftgase in den 1920er-Jahren hingegen fortgesetzt.[12]

Die als radikal geltenden Freikorpskämpfer, die 1919 im Baltikum ohne jede Weisung und folglich mit großem Handlungsspielraum und nicht zu befürchtender Strafverfolgung agierten und 1920 innerhalb der Reichsgrenzen die allgemeine Sicherheit der Gesellschaft gefährdeten, waren ein innenpolitisches Problem, das einer zügigen Lösung harrte.[13] Da sich das Versprechen, die Soldaten für ihren freiwilligen Dienst an der Waffe mit

<hr>

11 RUNG, Aloys: Die Anlage von Truppenübungsplätzen im Deutschen Reiche. Eine volkswirtschaftliche Studie, Diss. Univ. Gießen 1926, S. 7 f. – Siehe zur Reichswehr auch die ältere, aber immer noch wichtige Arbeit von SALEWSKI, Michael: Entwaffnung und Militärkontrolle in Deutschland 1919–1927 (Schriften des Forschungsinstituts der Deutschen Gesellschaft für Auswärtige Politik e. V., Bd. 24), München 1966.

12 KOLLER, Christian: Senegalschützen und Fremdenlegionäre. Französische Kolonialtruppen als Projektionsflächen des Weimarer Blicks nach Weimar, in: CORNELISSEN, Christoph/VAN LAAK, Dirk (Hrsg.): Weimar und die Welt. Globale Verflechtungen der ersten deutschen Republik (Schriftenreihe der Stiftung Reichspräsident-Friedrich-Ebert-Gedenkstätte, Bd. 17), Göttingen 2020, S. 107–129, hier S. 107. – SASSE, Dirk: Franzosen, Briten und Deutsche im Rifkrieg 1921–1926. Spekulanten und Sympathisanten, Deserteure und Hasardeure im Dienste Abdelkrims (Pariser Historische Studien, Bd. 74), München 2006, S. 59.

13 Siehe dazu KELLER, Peter: „Die Wehrmacht der Deutschen Republik ist die Reichswehr". Die deutsche Armee 1918–1921 (Krieg in der Geschichte, Bd. 82), Paderborn 2014, S. 199–210. – Zu verweisen ist auch auf KOLLEX, Knut-Hinrik: Die Bedeutung von Handlungsräumen und deren Verlagerung am Beispiel von Matrosen- und Freikorpsbewegung 1918–1920, in: GALLION, Nina/GÖLLNITZ, Martin/SCHNACK, Frederieke M. (Hrsg.): Regionalgeschichte. Potentiale des historischen Raumbezugs (Zeit + Geschichte, Bd. 53), Göttingen 2021, S. 429–454, hier bes. S. 441–452, der sich neben der neueren und neuesten Forschung zudem auf die grundlegende Studie von SCHULZE, Hagen: Freikorps und Republik 1918–1920 (Wehrwissenschaftliche Forschungen, Abteilung Militärgeschichtliche Studien, Bd. 8), Boppard a. R. 1969, stützt.

Ländereien in den eroberten Gebieten zu versorgen, nicht realisieren ließ, folgte das Reichsarbeitsministerium gemäß der „inneren Kolonisation" dem Vorschlag des Hauptmanns Detlef Schmude, der wirkmächtig propagierte: „Durch Arbeit zur Siedlung".[14] Angehörige des Freikorps „Kühme" gingen beispielsweise der Moorkultivierung[15] wegen – stets in der Hoffnung auf eine spätere eigene Siedlerstelle – nach Großmoor/Adelheidsdorf in Niedersachsen.[16] In Holstein wiederum begaben sich Freikorps-Mitglieder, die sich der Marine-Brigade „Ehrhardt" angeschlossen hatten und in Munster aus ihren aufgelösten Verbänden ausgeschieden waren, in großer Anzahl nach Lentföhrden im Kreis Segeberg[17] und zum Truppenübungsplatz Lockstedt nach Steinburg. RS 61 war ein Siedlungsunternehmen unter vielen – und doch ein exponiertes, das eine nähere Untersuchung verdient.

I.1. Forschungsinteresse

In seinem 2017 in der „Zeitschrift der Gesellschaft für Schleswig-Holsteinische Geschichte" erschienenen Aufsatz „Die landwirtschaftliche Siedlung in Schleswig-Holstein 1933–1939" konstatiert Ingwer Ernst Momsen zu Beginn, dass es in Deutschland drei wesentliche Epochen der Agrarsiedlung gegeben habe.[18] Da Deutschland hier nicht genauer definiert wird, sollte, wenngleich Momsen wohl auf die Zeit ab dem frühen 20. Jahrhundert abzielt, angemerkt werden, dass die mittelalterlichen Vorgänge rund um die „Ostsiedlung" und die bedeutsamen Prozesse der Heide- und Moorkolonisation

---

14 SCHMUDE, Detlef: Das Gebot der Stunde. Über die Arbeit zur Siedlung. Aus meinen Erfahrungen unter Bergarbeitern, Berlin 1920. – DERS.: Durch Arbeit zur Siedlung, Berlin 1922.

15 Siehe zur Moorkultivierung beispielsweise DE LA CHEVALLERIE, Otto: Die volkswirtschaftliche Bedeutung der Moor- und Ödlandkultur im Deutschen Reiche, Berlin 1922. – Verwiesen sei auch auf die Rede von FLEISCHER, Moritz: Die Besiedelung der nordwestdeutschen Hochmoore, Berlin 1894.

16 BLAZEK, Matthias/EVERS, Wolfgang: Dörfer im Schatten der Müggenburg. Adelheidsdorf und seine Nachbardörfer. Eine Chronik, Celle 1997, S. 457.

17 GESELLSCHAFT ZUR FÖRDERUNG DER INNEREN KOLONISATION E. V. IN BONN (Hrsg.): Landeskulturbehörden, S. 46 f. – In Lentföhrden gab es die Arbeitsgemeinschaften „Kurland" und „Livland": Bundesarchiv, Berlin-Lichterfelde (BArch), Abt. R 43-I: Reichskanzlei (1919–1945), Nr. 1282: Akten betreffend Siedlungswesen, Bd. 2 (1920), Bl. 175–190: Arbeitsplan der Vermittlungsstelle im preußischen Ministerium für Landwirtschaft, Domänen und Forsten, Berlin, 12.09.1920, hier Bl. 189.

18 MOMSEN, Ingwer E.: Die landwirtschaftliche Siedlung in Schleswig-Holstein 1933–1939. Ernst Momsen und die Siedlungsabteilung des Reichsnährstands in Kiel, in: Zeitschrift der Gesellschaft für Schleswig-Holsteinische Geschichte 142 (2017), S. 159–207.

im 18. Jahrhundert – auf Bestrebungen, die Lockstedter Heide in diesem Zusammenhang bereits 160 Jahre vor der tatsächlichen Durchführung zu besiedeln, wird noch zurückzukommen sein – keineswegs vergessen werden sollten.

Mit Blick auf das von Momsen entworfene Drei-Phasen-Modell, das sich wohl vielmehr als Kausalkette – vielleicht sogar mit dem Ausgangspunkt der gesetzlichen Rentengutsbegründung in Preußen 1890 – verstehen lässt, seien zwei Bereiche inzwischen gut aufgearbeitet. Zum einen handele es sich um den Nationalsozialismus, den Momsen persönlich am Exempel seines Vaters Ernst Momsen, ergo des Leiters der Siedlungsabteilung im Reichsnährstand, beleuchtet; zum anderen betreffe dies die Nachkriegszeit, mit der sich J. Volkert Volquardsen, Leiter des 1934 geschaffenen Kulturamtes Itzehoe und ab 1949 stellvertretender Leiter der Landeskulturabteilung im schleswig-holsteinischen Landwirtschaftsministerium, in einem Beitrag monographischen Umfanges auseinandersetzte.[19] Was also bislang fehlt, ist die Rückschau auf die 1920er-Jahre als erste Phase, sofern man Momsen folgen will. Während die nicht-landwirtschaftliche Siedlung für diesen Abschnitt mit einer 1992 publizierten Arbeit in Wort und Bild festgehalten ist,[20] möchte sich die vorliegende Studie zumindest einem Aspekt des berechtigten Forschungsdesiderates widmen, indem die Kultivierung des Truppenübungsplatzes Lockstedt in ihren Grundzügen fokussiert und schließlich kontextualisiert wird.

Dabei soll es, wie an dieser Stelle betont werden muss, nicht um eine minutiöse Nacherzählung gehen, die zwar von lokalem Interesse sein könnte, allerdings den Blick auf übergeordnete Fragen verschränken würde. Vielmehr soll herausgearbeitet werden, wie es zu RS 61 kam und wie sich das Projekt in die allgemeine Entwicklung einfügt, wo es dann aber an anderer Stelle eben doch Besonderheiten aufweist. Die Absicht besteht folglich darin, das regionale Beispiel allein schon der beteiligten Personen wegen in den überregionalen Kontext zu stellen. Die jeweiligen Akteure spielen in dem

---

19 VOLQUARDSEN, J. Volkert: Zur Agrarreform in Schleswig-Holstein nach 1945, in: Zeitschrift der Gesellschaft für Schleswig-Holsteinische Geschichte 102/103 (1977/78), S. 187–344. – Siehe exemplarisch [ARBEITSGEMEINSCHAFT FÜR ZEITGEMÄSSES BAUEN E. V. (Hrsg.):] Mustergrundrisse für die landwirtschaftliche Siedlung (Bauen in Schleswig-Holstein, Bd. 16), Kiel 1951. – Für die Agrarreform in den östlichen Landesteilen Schleswig-Holsteins sei mit anschaulichem Kartenmaterial verwiesen auf o. N.: Bodenreform, in: LANGE, Ulrich u. a. (Hrsg.): Historischer Atlas Schleswig-Holstein seit 1945 (Sonderveröffentlichung der Gesellschaft für Schleswig-Holsteinische Geschichte), Neumünster 1999, S. 93–98.

20 BECKER, Martin/MEHLHORN, Dieter-J.: Siedlungen der 20er Jahre in Schleswig-Holstein. Ergebnisse der Forschungsarbeit an der Fachhochschule Kiel – Fachbereich Bauwesen in Eckernförde – Institut für Städtebau und Sozialplanung, Heide 1992.

betrachteten Zeitraum von 1920, als das Siedlungsprojekt begann, bis 1930, als der Landeskulturamtspräsident Julius Pagenkopf[21] den Schlussrezess ausfertigte, für das Verständnis des komplexen Systems eine entscheidende Rolle, das lokale wie nationale, norddeutsche und süddeutsche Komponenten verknüpft. Angefangen beim Deutschen Reich und dessen vertretenden Ministerien über den Freistaat Preußen mit dem Ministerium für Landwirtschaft, Domänen und Forsten bis zu den Siedlern vor Ort entstand ein Gefüge von Steinburg bis Berlin – mit dem Knotenpunkt Heide, da dort das zuständige Kulturamt saß.

Wenn sich die Arbeit zwar des Siedlungsverfahrens im Ganzen annimmt, so legt sie einen Schwerpunkt doch auf die Frühphase, als die aus losen Arbeitsgemeinschaften[22] entstandenen Soldatensiedlungsgenossenschaften zunehmend institutionalisiert wurden und großen Anteil an dem Fortgang des Projektes hatten. Im Besonderen sollen dabei die „Baltikumer" in den Blick genommen werden, die von außen gesehen als eine landwirtschaftlich unerfahrene Gruppe junger Männer erscheinen und zunächst nicht so recht in das Bild der ländlichen Siedlung passen wollen – und diesen Eindruck entweder bestätigt oder aber widerlegt haben. Immerhin habe der Baltikum-Feldzug von 1919 „oft mythisch verklärten Bekanntheitsgrad" erreicht, wie Peter Keller zusammenfasst[23] – und Knut-Hinrik Kollex spricht sicherlich nicht zu Unrecht vom „Freikorpsgeist".[24] Die „heimatlosen deutschnationalen Desperados" hätten sich nicht selten als „Nachfahren legendärer Germanenfürsten, Ordensritter, Seeräuberkapitäne oder Landsknechthauptleute"[25] wahrgenommen, um dabei ihre „Männerphantasien" auszuleben, wie Klaus Theweleit sein vielbeachtetes und 1977/78 in zwei Bänden vorgelegtes Werk betitelte.[26] Solche Vorstellungen korrelierten mit dem Siedlungsversprechen

---

21 Siehe zu diesem auch die Personalakte im Schleswig-Holsteinischen Landesarchiv, Schleswig (LASH), Abt. 301: Schleswig-Holsteinisches Oberpräsidium (1868–1946), Nr. 3759: Julius Pagenkopf (1892–1934).
22 KOLLEX: Bedeutung von Handlungsräumen, S. 452.
23 KELLER: Die deutsche Armee, S. 199.
24 KOLLEX: Bedeutung von Handlungsräumen, S. 448.
25 KELLER: Die deutsche Armee, S. 199. – Zu verweisen ist auch auf VOLCK, Herbert: Rebellen um Ehre. Mein Kampf für die nationale Erhebung 1918–33, Gütersloh [²1938], S. 293: „Genau wie 1919/20 die marxistische und jüdische Systempresse uns Freikorpsmänner, Grenzkämpfer und Baltikumkämpfer als ‚Abenteurer' und ‚Baltikumbanditen' abtun, im Werden der neuen Geschichte des deutschen Volkes verkleinern wollte, stellte sie 1928/30 meine Landvolkkameraden und mich als ‚politische Abenteurer' und ‚Verbrecher' hin."
26 THEWELEIT, Klaus: Männerphantasien, Bd. 1: Frauen, Fluten, Körper, Geschichte, Frankfurt a. M. 1977. – DERS.: Männerphantasien, Bd. 2: Männerkörper. Zur Psychoanalyse des weißen Terrors, Frankfurt a. M. 1978.

im Osten, das als bewusstes strategisches Anwerbemittel Verwendung fand und bei anderem Ausgang der militärischen Situation auch realisierbar schien.[27]

Bezogen auf die Trias Arbeit, Friede und Brot, wie sie der eingangs zitierte Notgeldschein als Prämisse benennt, sollen eigener Anspruch und Wirklichkeit von RS 61 einer kritischen Analyse unterzogen werden. Dieses besondere holsteinische Siedlungsprojekt bewegt sich in der Beurteilung von zeitgenössischer Einschätzung bis heute im Spektrum zwischen absolutem Erfolg und absolutem Scheitern. Es sei gleichsam als These formuliert, dass eine einseitige Bewertung für das Gesamtprojekt nicht repräsentativ sein kann, da sich die Lage bei den 121 Rentengütern mit den jeweiligen Personen höchst unterschiedlich gestaltete, wie sich allein anhand zweier prägnanter Beispiele zeigen lässt. Der potenzielle Siedler Gerhard Graf von Schwerin verließ als ehemaliger Freikorpsoffizier schon im August 1920 das zu kultivierende Gelände, um nach einem kurzen Abstecher als Kaufmann in die Reichswehr einzutreten (und im Zweiten Weltkrieg Wehrmachtsgeneral zu werden).[28] Im Sinne der Siedlung ist er somit (freiwillig) gescheitert. Oskar Schmidt hingegen, der ebenfalls im Baltikum gekämpft hatte, erwarb 1923 ein Rentengut im Ortsteil Ridders, um den landwirtschaftlichen Betrieb aufzubauen sowie dauerhaft zu halten (und 1939 zum Kriegsdienst eingezogen zu werden).[29] Hier wäre vordergründig ein Erfolg zu ersehen. Die Arbeit möchte genau diese unterschiedlichen Perspektiven ausloten, wobei zu fragen bleibt, inwiefern angesichts der verschiedenen Positionierungen überhaupt ein Gesamturteil gefällt werden kann.

I.2. Quellen

Die Aktenlage zu RS 61 erweist sich als gut und umfangreich, wobei selbstredend nicht zu jedem Aspekt gleichermaßen viel Material vorliegt, aber doch insgesamt quellenbasiert gearbeitet werden kann. Einige wenige, aber für das

---

27 Siehe für das national wie international wiederholt thematisierte Siedlungsversprechen beispielhaft SAMMARTINO, Annemarie H.: The impossible border. Germany and the East 1914–1922, Ithaca 2010, S. 47–52.

28 QUADFLIEG, Peter M.: Gerhard Graf von Schwerin (1899–1980). Wehrmachtsgeneral, Kanzlerberater, Lobbyist, Paderborn 2016, S. 40–42. – Siehe auch den kurzen Eintrag bei MÖLLER, Reimer: Eine Küstenregion im politisch-sozialen Umbruch (1860–1933). Die Folgen der Industrialisierung im Landkreis Steinburg (Elbe) (Veröffentlichungen des Hamburger Arbeitskreises für Regionalgeschichte, Bd. 22), Hamburg 2007, S. 651.

29 Oskar Schmidt: Anhang, Nr. 2: „Rentengutssache Lockstedter Lager" (RS 61): Rentengutsbesitzer (1922–1930), lfd. Nr. 33.

Forschungsvorhaben in jedem Falle zentrale Dokumente befinden sich im Bundesarchiv in Berlin-Lichterfelde; dies betrifft Bestände der Reichskanzlei für das Jahr 1920 und somit die frühe Phase.[30] Die Schreiben veranschaulichen nicht nur das notwendige Zusammenspiel des Deutschen Reiches und des Freistaates Preußen in der Zeit, sondern darüber hinaus die sich nach und nach graduell vollziehende Institutionalisierung des Siedlungsprojektes, das von Berlin aus koordiniert wurde und auf das Bedürfnis der Siedlungswilligen reagierte, die zu Beginn des Jahres 1920 noch eine wahrhaftige Gefahr dargestellt hatten und mittels der Beschäftigung und dem erneuten Versprechen, Land zu erhalten, befriedet werden sollten. Nicht zuletzt vermitteln die Dokumente auch die finanzielle Dimension der Siedlung, da wieder und wieder über zur Verfügung gestellte Gelder diskutiert wurde.

Ein bedeutender Teil der Überlieferung liegt heute im Schleswig-Holsteinischen Landesarchiv in Schleswig, worunter Aufzeichnungen des schleswig-holsteinischen Oberpräsidiums, des Landeskulturamtes Schleswig, des Kulturamtes Heide und etwa auch des Kreises Steinburg fallen. RS 61 umfasst als geschlossene Einheit die Akten 6231 bis 6237 innerhalb der Abteilung 305 (Landeskulturbehörden), wobei es sich um ein Dutzend Kartons mit zahlreichen Einzelakten – ohne konsequente Chronologie und Paginierung – handelt.[31] Letzten Endes flossen die unzähligen Aufzeichnungen in dem von den Siedlern am 7., 8. und 9. November 1929 unterzeichneten, vom Reichsarbeitsminister am 21. Dezember 1929 und vom Reichsfinanzminister am 4. Februar 1930 genehmigten sowie nach einigen Korrekturen knapp ein Jahr später vom Kulturamtspräsidenten am 5. Dezember 1930 unterschriebenen, gesiegelten und damit ausgefertigten Schlussrezess zusammen, der immerhin 508 beidseitig bedruckte Blätter mit nochmals 15 Anlagen umfasst.[32] Neben dem gesiegelten Rezess des Amtsgerichtes Itzehoe existieren noch Ausfertigungen des Landeskulturamtes Schleswig[33] und des Steinburger Kreisausschusses.[34] Des Weiteren ist beispielsweise auf die Akten 2073,[35] 3847[36] und

---

30 BArch, Abt. R 43-I, Nr. 1282, Bd. 2.
31 LASH, Abt. 305: Landeskulturbehörden (1732–1982), Nr. 6231–6236: Rentengutssache Lockstedter Lager (1920–1946). – LASH, Abt. 305, Nr. 6237: Rentengutsrezess Lockstedter Lager (1930).
32 LASH, Abt. 355.20: Amtsgericht Itzehoe (1867–2009), Nr. 2103: Rentengutsrezess Lockstedter Lager (1930).
33 LASH, Abt. 305, Nr. 6237.
34 LASH, Abt. 320.18: Kreis Steinburg (1804–1969), Nr. 3851: Rentengutsrezess Lockstedter Lager (1930).
35 LASH, Abt. 320.18, Nr. 2073: Soldatensiedlung Lockstedter Lager (1920–1937).
36 LASH, Abt. 320.18, Nr. 3847: Siedlungsangelegenheit des Lockstedter Lagers (1920–1931).

3848[37] jeweils aus der Abteilung 320.18 (Kreis Steinburg) zu verweisen, die weiteren Schriftverkehr vorhalten, der sich – abgesehen von Duplikaten in anderen Materialbündeln – teilweise nur hier niedergeschlagen hat. Hervorgehoben sei auch noch der als höchst relevant zu betrachtende „Bericht einer vom Landwirtschaftlichen Ausschuss des Kreises Steinburg auf Ersuchen des Siedlerbunds Lockstedter Lager an die Landwirtschaftskammer für die Provinz Schleswig-Holstein ernannten Kommission zur Prüfung der Verhältnisse im Siedlungsgebiet des Lockstedter Lagers" aus dem Jahre 1928, der insbesondere aufgrund der dortigen Siedleraussagen wichtige Einblicke gewährt.[38]

Richtet man den Blick von der archivalischen Überlieferung auf Zeitungsartikel als Medium der Berichterstattung, ist der von Siegfried Schäfer 2017 im Eigenverlag veröffentlichte Band für die Jahre von 1920 bis 1929 zu nennen.[39] Im Sinne eines Tagebuches werden seinerzeit erschienene Beiträge für nahezu jeden Tag dargereicht, die allerdings nicht nur die landwirtschaftliche Siedlung, sondern auch das „Lager" sowie die umliegenden Gemeinden betreffen. Die Zusammenstellung weist methodische Mängel auf, die den Informationsgehalt als solchen zwar nicht schmälern, aber die Verwendung doch einschränken. Während Schäfer nämlich angibt, die (wohl wörtlich) wiedergegebenen Artikel der „Glückstädter Fortuna", den „Itzehoer Nachrichten" und dem in Kellinghusen gedruckten „Stör-Boten" entnommen zu haben, verzichtet der Herausgeber sämtlich auf eine jeweilige Zuordnung, sodass die Herkunft der einzelnen Beiträge jeweils ungeklärt bleibt. Mehr als bedauerlich ist zudem, dass die unkritische Ausgabe den „Nordischen Kurier" – 1901 von Adolf Pohlman in Itzehoe als zweites Presseorgan der Kreisstadt neben den seit 1817 etablierten „Itzehoer Nachrichten"

---

37 LASH, Abt. 320.18, Nr. 3848: Gründung von Kolonien im Lockstedter Lager (1920–1925).

38 LASH, Abt. 320.18, Nr. 3847, Bl. 78–122: Bericht einer vom Landwirtschaftlichen Ausschuss des Kreises Steinburg auf Ersuchen des Siedlerbunds Lockstedter Lager an die Landwirtschaftskammer für die Provinz Schleswig-Holstein ernannten Kommission zur Prüfung der Verhältnisse im Siedlungsgebiet des Lockstedter Lagers, 1928.

39 SCHÄFER, Siegfried (Hrsg.): Lockstedter Lager Courier. Das Lockstedter Lager und Umgebung 1920 bis 1929, Hohenlockstedt 2017. Wie dies für viele durchaus gehaltvolle Werke lokaler Forscherinnen und Forscher konstatiert werden muss, ist die Arbeit leider bisher in keinen (schleswig-holsteinischen) Bibliotheken verfügbar und somit überhaupt nur einem kleinen Personenkreis bekannt.

begründet –[40] nicht berücksichtigt, der nachweislich auch über die Besiedlung berichtete.[41]

Eine wichtige Quelle stellt außerdem Wilhelm Friedrich Boyens' an der Universität Halle-Wittenberg eingereichte Dissertation zu „Bedeutung und Stand der inneren Kolonisation in Schleswig-Holstein" von 1929 dar: In der Studie beschäftigt er sich einerseits mit der von Landeskulturamt und Kulturamt getragenen „Rentengutssache Lockstedter Lager"[42] und andererseits mit der von der 1913 gegründeten Schleswig-Holsteinischen Höfebank[43] betreuten Siedlung Hardebek[44] im Kreis Segeberg. Für die Erhebung hatte sich der aus Gothendorf/Süsel in Ostholstein stammende Boyens eigens in der Lockstedter Siedlung einquartiert, um Ergebnisse aus erster Hand zu erhalten. Nach dem Zweiten Weltkrieg wurde er aufgrund seiner Erfahrungen auf dem Gebiet der Siedlung Beauftragter für die Bodenreform in Schleswig-Holstein.[45] Sein zweibändiges Opus „Die Geschichte der ländlichen Siedlung" erschien postum, nachdem Boyens 1955 verstorben ist.[46] Das Werk darf als umso interessanter gelten, da er hierin auch auf die Gemeinde Lockstedter Lager eingeht und mit einer zeitlichen Differenz von 30 Jahren zur Promotion, die er vor dem Schlussrezess im Wintersemester 1927/28 abgeschlossen hatte, nochmals auf das Projekt blickt.

---

40 O. N.: Die Entwicklung des Nordischen Kuriers, in: 30 Jahre Nordischer Kurier. General-Anzeiger für Schleswig-Holstein. Zweigblätter – Dithmarscher Kurier – Husumer Kurier. 1901–1931. 30 Jahre Arbeit. 30 Jahre Erfolg, [Itzehoe 1931], [S. 3]. – Siehe dazu auch OCKER: Adolf Pohlman-Hohenaspe, S. 28.

41 In den 1930er-Jahren wurden die „Itzehoer Nachrichten" (1935) und der „Nordische Kurier" (1938) von der 1929 gegründeten „Schleswig-Holsteinischen Volkszeitung" in Itzehoe übernommen. Nach dem Zweiten Weltkrieg entstand 1949 in der Tradition vor allem der „Itzehoer Nachrichten" die „Norddeutsche Rundschau".

42 BOYENS: Bedeutung und Stand, bes. S. 53–61.

43 DIETRICH, Albert/THAYSEN, Lauritz: Der Siedlungsbau in Schleswig-Holstein. Bearbeitet nach dem Material der Schleswig-Holsteinischen Höfebank G. m. b. H. Kiel, Kiel 1931. – Siehe insgesamt SCHLESWIG-HOLSTEINISCHE LANDGESELLSCHAFT (Hrsg.): 75 Jahre Schleswig-Holsteinische Landgesellschaft mbH. 1913–1988. Spiegelbild der Agrarstrukturentwicklung, Kiel 1988.

44 BOYENS: Bedeutung und Stand, bes. S. 61–65.

45 So leitete Boyens als „Landesdirektor und Landesbeauftragter für die Bodenreform in Schleswig-Holstein" beispielsweise in das Werk der [ARBEITSGEMEINSCHAFT FÜR ZEITGEMÄSSES BAUEN E. V. (Hrsg.):] Mustergrundrisse, S. 3 f., ein.

46 BOYENS, Wilhelm F.: Die Geschichte der ländlichen Siedlung, Bd. 1: Das Erbe Max Serings, postum hrsg. von Oswald LEHNICH, Berlin/Bonn 1959. – DERS.: Die Geschichte der ländlichen Siedlung, Bd. 2: Das wirtschaftliche und politische Ringen um die ländliche Siedlung, postum hrsg. von Oswald LEHNICH, Berlin/Bonn 1960.

I.3. Literatur

Mit der Besiedlung des Truppenübungsplatzes Lockstedt befassten sich seit den 1930er-Jahren in erster Linie interessierte Heimatforscher, deren präzise Ortskenntnisse nicht darüber hinwegtäuschen können, dass eine notwendige Einordnung in den größeren zeitlichen Kontext in den Arbeiten zumeist nicht geleistet wird und diese bis heute folglich nur einen begrenzten Rezipientenkreis finden. Zunächst ist die um 1933 vorgelegte Broschüre von Heinrich August Hinsch zu nennen, der kurzweilig über „Erholungsort und Sommerfrische" Lockstedter Lager berichtet und darin der einstigen Bedeutung des Truppenübungsplatzes nachtrauert; seine „durchaus wahrheitsgetreue, geschichtliche Beschreibung" reicht bis zum Übergang von der Weimarer Republik bis zum Nationalsozialismus.[47] Die bislang umfangreichste Schilderung zur agrarischen Kultivierung legte daraufhin Hans Adolf Glismann im Jahre 1962 vor,[48] der ab 1976 in Hohenlockstedt die „Chemotec KG Hans A. Glismann" und ab 1978 bis zum Erlöschen der Firma im Jahre 1983 die „Fortuna-Kellerei-Gesellschaft Hans A. Glismann KG" betrieb.[49] In seiner Ortschronik spannt er den Bogen von der Vorgeschichte bis in die Gegenwart, ohne seine vielschichtigen Nachforschungen allerdings stichhaltig zu belegen. So verzichtet Glismann gänzlich auf ein dringend notwendiges Quellen- und Literaturverzeichnis; gleichzeitig ist auf die vom sprachlichen Feld Heimat durchsetzte Sprache zu verweisen. Abgesehen von den berechtigten Monita sei dennoch hervorgehoben, dass die Ausführungen zur Besiedlung, basierend auf dem seinerzeit noch in Itzehoe und heute in Schleswig verwahrten Akten, gemeinsam mit den Abbildungen und Aufstellungen über die als „Kolonate" bezeichneten Rentengüter[50] eine wichtige

---

47 HINSCH, Heinrich A.: Lockstedter Lager in Holstein. Erholungsort und Sommerfrische. Früherer Truppenübungsplatz des 9. Armeekorps. Geschichtliche Beschreibung, Lockstedter Lager [1933].

48 GLISMANN: Hohenlockstedt, bes. S. 60–85. Nicht zuletzt aus Mangel an Alternativen wird die Chronik bis heute unreflektiert als Standardwerk, das fast gänzlich auf Belege verzichtet, herangezogen.

49 LASH, Abt. 355.20, Nr. 1668: Fortuna-Kellerei-Gesellschaft (1976–1983).

50 Die in diesem Kontext sehr ungewöhnliche terminologische Verwendung „Kolonat" findet sich ein einziges Mal im Rentengutsrezess von 1930 (LASH, Abt. 355.20, Nr. 2103, S. 2), lässt sich mit Blick auf die übrigen Quellen sonst aber weder bei BOYENS: Bedeutung und Stand, noch in den Zeitungsartikeln finden – dort ist die Rede stets von Rentengütern. – GLISMANN: Hohenlockstedt, nutzt den Ausdruck durchgängig; ihm folgen ohne kritische Auseinandersetzung MÖLLER: Küstenregion, S. 364, sowie SCHÄFER (Hrsg.): 1920–1929, Anhang („Kolonate übergeben am 01.04.1922" etc.), o. S. – Der Begriff begegnet üblicherweise vor allem in der (älteren) Forschung im Kontext der römischen Geschichte: LEHMANN, Eduard: Der Kolonat in der römischen Kaiserzeit, Chemnitz 1898.

Grundlage zur lokalen Orientierung bieten. Dass in der „Quelle heimatlicher Besinnung", wie der Steinburger Landrat Peter Matthiessen das Werk in seinem Geleitwort betitelt,[51] einzig der Mikrokosmos betrachtet wird und eine erforderliche Problematisierung der Rentengutssache und besonders der Siedler ausbleibt, überrascht nicht. Letztmalig befasste sich ein Hohenlockstedter Schulprojektteam um Realschulrektor Erwin Papke 1982 mit der Ortshistorie, wobei in dem Büchlein „Pickelhauben und Kartoffeln" auch die Besiedlungszeit anhand verschiedener Berichte und etwa eines Gespräches mit dem Siedler Otto Stoll[52] gewürdigt wird.[53]

RS 61 hat sich darüber hinaus etwa in dem 1962 von der Gesellschaft zur Förderung der inneren Kolonisation e. V. in Bonn aus Anlass des 40-jährigen Bestehens des Landeskulturamtes Schleswig herausgegebenen Jubiläumsschrift niedergeschlagen.[54] In neuerer Zeit, die konkret das erste Jahrzehnt des neuen Jahrtausends meint, ist bei der Siedlungsliteratur auf die jeweils kurze Nennung in Ingwer Ernst Momsens Beitrag zur Höfebank (2001)[55] und in Thomas Koinzers Werk „Wohnen nach dem Krieg" (2002) hingewiesen.[56]

Reimer Möller beleuchtet in seiner 1997 in Hamburg eingereichten, allerdings erst 2007 erschienenen Dissertation das politische Gebilde Lockstedter Lager,[57] um auf den Arbeiten von Gerhard Stoltenberg (1962)[58] und Rudolf

51 GLISMANN: Hohenlockstedt, S. 5.
52 Otto Stoll: Anhang, Nr. 2: „Rentengutssache Lockstedter Lager" (RS 61): Rentengutsbesitzer (1922–1930), lfd. Nr. 34.
53 PAPKE, Erwin (Hrsg.): Pickelhauben und Kartoffeln. Aus der Geschichte Hohenlockstedts, Itzehoe 1982. – Dieser legte weitere Arbeiten zur Steinburger Lokalhistorie vor: DERS.: Insten, Bauern und Barone. Adliges Gut und Dorfschaft Mehlbek, Mehlbek 1988. – DERS.: Heiligenstedten. Ein historisches Kleinod an der Stör, Heiligenstedten 1995.
54 GESELLSCHAFT ZUR FÖRDERUNG DER INNEREN KOLONISATION E. V. IN BONN (Hrsg.): Landeskulturbehörden, S. 47–49.
55 MOMSEN, Ingwer E.: Die Siedlungstätigkeit der Schleswig-Holsteinischen Höfebank/Landgesellschaft 1913–1945, in: DERS./DEGE, Eckart/LANGE, Ulrich (Hrsg.): Historischer Atlas Schleswig-Holstein 1867 bis 1945 (Sonderveröffentlichung der Gesellschaft für Schleswig-Holsteinische Geschichte), Neumünster 2001, S. 80–82, hier S. 82.
56 KOINZER, Thomas: Wohnen nach dem Krieg. Wohnungsfrage, Wohnungspolitik und der Erste Weltkrieg in Deutschland und Großbritannien (1914–1932) (Schriften zur Wirtschafts- und Sozialgeschichte, Bd. 72), Berlin 2002, S. 282–300 (mit Nennung des Truppenübungsplatzes Lockstedt auf S. 284, Anm. 134).
57 MÖLLER: Küstenregion. Die Angaben sowie auch die Belege im biographischen Anhang sind leider nicht immer vollständig.
58 STOLTENBERG, Gerhard: Politische Strömungen im schleswig-holsteinischen Landvolk 1918–1933. Ein Beitrag zur politischen Meinungsbildung in der Weimarer

Heberle (1963),[59] aufzubauen, die sich fast zeitgleich mit der politischen Meinungs- beziehungsweise Willensbildung in Schleswig-Holstein während der Weimarer Republik beschäftigt haben. Im biographischen Kontext begegnet abschließend der potenzielle Siedler Gerhard Graf von Schwerin, der sich 1920 für wenige Monate auf dem Truppenübungsplatz Lockstedt aufhielt und den Peter Quadflieg in seiner 2016 vorgelegten Studien hinreichend würdigt.[60]

I.4. Methodik

Die vorliegende Ausarbeitung soll bewusst keine Chronik des Siedlungsunternehmens im klassischen Sinne sein, da sich die Zeitläufte doch in vielerlei Hinsicht überschneiden und eine solche Darstellung mehr verwirrenden denn strukturierenden Charakter besäße. Aus diesem Grunde wird eine Analyse anhand verschiedener Parameter durchgeführt, die für RS 61 von besonderem Interesse sind. Methodisch orientiert sich dies grob an einer (historisch modifizierten) landwirtschaftlichen Standorttheorie, wie sie Friedrich Kuhlmann, emeritierter Professor für landwirtschaftliche Betriebslehre an der Justus-Liebig-Universität in Gießen, im Jahre 2015 vorlegte,[61] um dabei gewissermaßen eine Synthese agrarökonomischer Modelle vom frühen 19. Jahrhundert um Heinrich von Thünen[62] bis zu modernen Raumwirtschaftsordnungen[63] zu erstellen.

Als ausschlaggebende Elemente für erfolgreiches (oder eben auch weniger erfolgreiches) Siedeln benennt Kuhlmann Betriebsfaktoren (1.), natürliche (2.), technologische (3.), strukturelle (4.) und marktliche (5.) Standortfaktoren sowie die fachliche Befähigung des Landwirtes (6.) und agrarpolitische Maßnahmen (7.). Konkret geht es also um die finanzielle Situation des Hofes mit Inventar und Ländereien (1.), um die Lage des Rentengutes und die Beschaffenheit des zu bewirtschaftenden Geländes (2.), um technische

---

Republik (Beiträge zur Geschichte des Parlamentarismus und der politischen Parteien, Bd. 24), Düsseldorf 1962.

59 HEBERLE, Rudolf: Landbevölkerung und Nationalsozialismus. Eine soziologische Untersuchung der politischen Willensbildung in Schleswig-Holstein 1918 bis 1932 (Schriftenreihe der Vierteljahrshefte für Zeitgeschichte, Bd. 6), Stuttgart 1963.

60 QUADFLIEG: Gerhard Graf von Schwerin, S. 40 f.

61 KUHLMANN, Friedrich: Landwirtschaftliche Standorttheorie. Landnutzung in Raum und Zeit, Frankfurt a. M. 2015.

62 RIETER, Heinz (Hrsg.): Johann Heinrich von Thünen als Wirtschaftstheoretiker (Schriften des Vereins für Socialpolitik, Bd. 115; Studien zur Entwicklung der ökonomischen Theorie, Bd. 14), Berlin 1995.

63 SCHÖLER, Klaus: Raumwirtschaftstheorie (Vahlens Handbücher der Wirtschafts- und Sozialwissenschaften), München 2005.

Möglichkeiten wie den Maschineneinsatz (3.), um die Lage in Bezug auf den Warenverkauf (4.) und die Überlegung von Angebot und Nachfrage der Produkte (5.), um die Vorbildung/Anpassung der Siedler (6.) sowie den gesetzlichen Rahmen (7.). Während sich idealiter der Standort erst nach der Analyse ergibt, ist dieser beim Truppenübungsplatz Lockstedt bereits als Konstante gesetzt, sodass gefragt werden muss, ob der vorhandene Raum/ Standort letztlich notwendige Voraussetzungen für eine Agitation besitzt, die allerdings noch in einem gewissen Rahmen variiert werden können.

Besonders relevant erscheinen in dieser Abhandlung die Siedler (6.) (als Teil der betrachteten Akteure) mit dem Streben nach wirtschaftlichem Erfolg (1. bis 5.) innerhalb des gegebenen Rentengutsverfahrens (7.). Neben dem institutionellen und prozessorientierten Zugriff werden daher auf Basis des vorhandenen Materials, das abseits der behördlichen Aufzeichnungen immer wieder auch Dokumente der Rentengutsbesitzer – zumeist Beschwerden oder Bitten (wie 1928) – beinhaltet, (sammel-)biographische Aspekte miteinbezogen; im Anhang wird sodann ein Verzeichnis der Siedler dargereicht.

II. Arbeit, Friede, Brot? Die agrarische Kultivierung des Truppenübungsplatzes Lockstedt (1920–1930)

Am 2. September 1920 übersandte Otto Braun, preußischer Minister für Landwirtschaft, Domänen und Forsten (und zugleich Ministerpräsident des Freistaates Preußen),[64] ein Schreiben an die Herren Reichskanzler, Reichsarbeitsminister, Reichsfinanzminister und Reichswehrminister sowie an den preußischen Finanzminister, um darin festzuhalten, dass der Truppenübungsplatz Lockstedt „nach dem System Schmude durch Arbeit zur Siedlung" umgewandelt werden solle.[65] Bereits dieser kurze Verweis mag mit Blick auf die genannten Personen zeigen, welche überregionale Bedeutung das sich doch in vielerlei Hinsicht von übrigen Unternehmungen unterscheidende Kultivierungsprojekt besaß; gleichzeitig wird ersichtlich, wie komplex allein das Netz der verschiedenen Akteure war. Bei der Beschäftigung mit RS 61 genügt es keineswegs, einzig die Siedler vor Ort zu betrachten. Vielmehr gilt es, die künftigen Rentengutsbesitzer mit ihrer landwirtschaftlichen Etablierung stets innerhalb des Gesamtgefüges zu kontextualisieren. Besondere Aufmerksamkeit erfährt hierbei die Tatsache, dass die Anfänge im Jahre 1920 in einer ausschließlichen Soldatensiedlung lagen und sich das Projekt erst durch die Gruppe der Flüchtlingssiedler sowie aufgrund der ab 1924 einsetzenden Rentengutsveräußerungen an zumeist schleswig-holsteinische Landwirte zu wandeln begann.

Im Dezember 1918, als der Waffenstillstand geschlossen und im Deutschen Reich die Republik ausgerufen war, hatte sich der Reichsausschuss der deutschen Landwirtschaft an die 1896 gegründete Landwirtschaftskammer für die Provinz Schleswig-Holstein gewandt:

> „Alle, die im Heeresdienste stehen und vor dem Kriege in der Landwirtschaft beschäftigt waren, werden freudigen Herzens in ihre alten Stellen wieder aufgenommen. Aber auch den anderen, die früher abseits der Landwirtschaft standen, jetzt aber in ihr Beschäftigung und Unterkunft zu haben wünschen, soll, soweit nur irgend

---

64 Siehe zu diesem etwa GÖRTEMAKER, Manfred (Hrsg.): Otto Braun. Ein preußischer Demokrat, Berlin 2014.

65 BArch, Abt. R 43-I, Nr. 1282, Bd. 2, Bl. 160–174: Niederschrift der Vermittlungsstelle im preußischen Ministerium für Landwirtschaft, Domänen und Forsten, Lockstedter Lager, 02.09.1920, hier Bl. 160.

möglich, hierzu Gelegenheit gegeben werden. Die Landwirtschaft will jedem Tüchtigen die Möglichkeit des Aufstiegs zur landwirtschaftlichen Selbstständigkeit eröffnen."[66]

Unmissverständlich wird in den vorstehenden Zeilen das Ziel mitgeteilt, die landwirtschaftliche Siedlung für Militärangehörige zu fördern; aus diesem Grunde wurde besonders Ödland gesucht, also bis zu diesem Zeitpunkt noch nicht kultivierte Flächen, die einer Urbarmachung harrten. Zu denken war vor allem an Gutsbezirke mit ihren zumeist großen Territorien,[67] zu denen ab 1901 auch der Truppenübungsplatz Lockstedt gehörte.[68] Wegen der außenpolitischen Entwicklungen rückte das Gelände nach dem Ersten Weltkrieg in den Fokus verschiedener Nachnutzungskonzepte, wobei sich die Soldatensiedlung erst im Verlaufe der innenpolitischen Vorgänge herauskristallisierte.

II.1. Lockstedter Heide: Entwicklung vom Ödland zum militärischen Lager

Um nicht zuletzt die Besiedlungsgeschichte ab 1920 verstehen zu können, lohnt zunächst ein kurzer Blick zurück in die Vergangenheit des Militärplatzes, als welcher er bereits – wenn auch in ganz anderer Intensität – seit dem 17. Jahrhundert Verwendung gefunden hatte. Wichtig ist darüber hinaus die begriffliche Trennschärfe zwischen der Gemeinde Lockstedt, die zu Beginn des 13. Jahrhunderts erstmals erwähnt wird,[69] und dem später bei diesem Ort entstandenen (Zelt-)Lager mit dem weiträumigen Übungsgelände. So hatte der dänische König Christian IV. während des Dreißigjährigen Krieges in den 1620er-Jahren auf dem Heidegebiet seine Truppen versammelt, die er hier aufgrund der natürlichen Gegebenheiten besonders gut beobachten

---

66 LASH, Abt. 301, Nr. 1331: Rentengüter-Ansiedlung (1913–1920), Reichsausschuss der deutschen Landwirtschaft an den Vorstand der Landwirtschaftskammer für die Provinz Schleswig-Holstein, Berlin, 07.12.1918 (Unterstreichung im Original).

67 Ebd., Schleswig-Holsteinisches Regierungspräsidium an das schleswig-holsteinische Oberpräsidium, Schleswig, 11.05.1919. – Für den Gutsbezirk Breitenburg im Kreis Steinburg wird hier beispielsweise eine Moorfläche von rund 500 Hektar genannt.

68 LASH, Abt. 320.18, Nr. 3542: Bildung eines selbstständigen Gutsbezirkes Lockstedter Lager (1892–1901).

69 HASSE, Paul (Hrsg.): Schleswig-Holstein-Lauenburgische Regesten und Urkunden, Bd. 1: 786–1250, Hamburg/Leipzig 1886, Nr. 280 (um 1211), S. 134 f., hier S. 135 („lockstide").

konnte.[70] Nicht zu Unrecht setzte sich später der in seiner Entstehung nicht vollends geklärte (Scherz-)Name „Hungriger Wolf" durch, um damit wohl zum Ausdruck zu bringen, wie karg und versorgungsarm dieser Landstrich sei. Selbst ein Wolf habe hier nicht ausreichend Nahrung finden können.[71] Inwieweit dies historisch haltbar ist, kann nicht beantwortet werden; die Bezeichnung Hungriger Wolf („Huwo") hat sich allerdings bis heute erhalten.

II.1.1.   18. Jahrhundert bis 1864

1760, und damit mehr als anderthalb Jahrhunderte vor der in dieser Arbeit beleuchteten Besiedlung, waren im Zuge der letzten Endes doch nur im Herzogtum Schleswig durchgeführten und von Otto Clausen detailliert beschriebenen Heide- und Moorkolonisation[72] schon durchaus sehr konkrete Pläne einer agrarischen Nutzung von „Lochstader Fierth oder Heide" gefasst worden.[73] In seinem Bericht über die Reise durch die Herzogtümer hielt Johann Gottfried Erichsen im Auftrag der Rentekammer zu Kopenhagen etliche Orte für eine mögliche landwirtschaftliche Besiedlung fest. Bezogen auf die Lockstedter Heide notierte er, dass hier „Platz vor 6. neue Anbauer" sei.[74] Zu einer Umsetzung kam es allerdings, wie geäußert, zu diesem Zeitpunkt

---

70 Glismann: Hohenlockstedt, S. 32. – Papke, Erwin: Hohenlockstedt. Geschichtlicher Überblick, in: Ders. (Hrsg.): Pickelhauben und Kartoffeln. Aus der Geschichte Hohenlockstedts, Itzehoe 1982, S. 5–9, hier S. 5.

71 Mit den hierzulande lebenden Wölfen bis zum Ende der Frühen Neuzeit befasst sich Rheinheimer, Martin: Wolf und Werwolfglaube. Die Ausrottung der Wölfe in Schleswig-Holstein, in: Historische Anthropologie. Kultur, Gesellschaft, Alltag 2 (1994), Nr. 3, S. 399–422.

72 Clausen, Otto: Chronik der Heide- und Moorkolonisation im Herzogtum Schleswig (1760–1765), Husum 1981. – Siehe auch das siedlergenealogische Werk von Stamp, Hans P.: Kolonisten. Sie kamen aus dem Schatten der Burg Frankenstein und fingen hier an mit der Kolonisierung der Heiden und Moore auf der Schleswigschen Geest von 1761–1765, [Rendsburg 2011]. – Zu verweisen ist darüber hinaus auf die am Lehrstuhl für die Geschichte Nordeuropas der Christian-Albrechts-Universität zu Kiel bei Prof. Dr. Martin Krieger geschriebene und bisher noch nicht publizierte Masterarbeit von Specht, Vivien: Legationsrat und Seelenverkäufer? Johann Friedrich Moritz und die Anfänge der Moor- und Heidekolonisation der Kimbrischen Halbinsel zwischen 1759 und 1765, MA Univ. Kiel 2020, die in ihrer Studie die Frühphase des Kultivierungsprojektes aus sozialgeschichtlicher Perspektive betrachtet.

73 LASH, Abt. 66: Rentekammer zu Kopenhagen (1544–1877), Nr. 5805: Auszug aus Johann Gottfried Erichsens Schleswig- und Holsteinischem Reise-Journal über unbebaute Ländereien und die Ansetzung von Kolonisten (1760).

74 Ebd. – Siehe zur Landbesiedlung im 18. Jahrhundert auch Seelig, Wilhelm: Die innere Colonisation in Schleswig-Holstein vor hundert Jahren. Rede zum Antritt

noch nicht. Offiziell blieb das in Mittelholstein gelegene Areal somit Ödland, was einen weiteren Umstand zur Folge hatte: Während gemäß den gesetzgeberischen Vorgaben nämlich etwa im Ort Lockstedt ab den 1770er-Jahren die Felder verkoppelt und mit den für das landschaftliche Erscheinungsbild so prägenden Knicks eingefriedet worden sind,[75] blieben agrarisch ungenutzte Flächen von der am 19. November 1771 erlassenen Verordnung für das Herzogtum Holstein unberührt.[76] In den Randzonen zu umliegenden Gemeinden entstanden folglich Knicks; die weiten Heideflächen hingegen erhielten keine.

Von den 1840er-Jahren bis zum Deutsch-Dänischen Krieg 1864 fanden in unregelmäßigen Abständen immer wieder militärische Heerschauen auf der Lockstedter Heide statt, die sich für diese Zwecke anbot.[77] Mit Blick auf die ab 1920 vollzogene landwirtschaftliche Besiedlung, bei der im Übrigen weitestgehend auf die Anlage von Knicks verzichtet wurde, ist der Eintrag bei Johannes von Schröder und Hermann Biernatzki in der 1856 in zweiter Auflage erschienenen „Topographie der Herzogthümer Holstein und Lauenburg" zu beachten, wenn diese über Lockstedt aussagen: „Der Boden ist sandigt[,] aber doch ziemlich ergiebig; die Wiesen sind nur unbedeutend und moorigt."[78]

---

des Rektorates der Christian-Albrechts-Universität zu Kiel am 5. März 1895, Kiel 1895.

75 LASH, Abt. 25: Schleswig-Holsteinische Landkommission und Landkommissare (1744–1874), Nr. 1350: Aufteilung und Einkoppelung in Lockstedt (1769–1772) mit beiliegender Flurkarte zu den beschriebenen Verhältnissen. – Siehe für die anzulegenden Knicks zeitgenössisch OEST, Nicolaus: Oeconomisch-practische Anweisung zur Einfriedung der Ländereien nebst einem Anhang von der Art und Weise, wie die Feldsteine können gesprenget und gespalten werden, auch nöthigen Kupfern, Flensburg 1767. – AST-REIMERS, Ingeborg: Landgemeinde und Territorialstaat. Der Wandel der Sozialstruktur im 18. Jahrhundert dargestellt an der Verkoppelung in den königlichen Ämtern Holsteins (Quellen und Forschungen zur Geschichte Schleswig-Holsteins, Bd. 50), Neumünster 1965. – Verwiesen sei überdies auf die grundlegende Arbeit von PRANGE, Wolfgang: Die Anfänge der großen Agrarreformen in Schleswig-Holstein bis um 1771 (Quellen und Forschungen zur Geschichte Schleswig-Holsteins, Bd. 60), Neumünster 1971.

76 Schleswig-Holsteinische Landesbibliothek, Kiel, Verordnung, die Aufhebung der Feld-Gemeinschaften und die Beförderung der Einkoppelungen betreffend. Für die Aemter, Landschaft und Städte des Königlichen Antheils des Herzogthums Holstein, imgleichen die Herrschaft Pinneberg und die Grafschaft Ranzau. Sub Dato Hirschholm, den 19ten Novemb. 1771, Flensburg [1771] (Signatur: SHn 16).

77 GLISMANN: Hohenlockstedt, S. 35.

78 VON SCHRÖDER, Johannes/BIERNATZKI, Hermann: Topographie der Herzogthümer Holstein und Lauenburg, des Fürstenthums Lübeck und des Gebiets der freien und Hanse-Städte Hamburg und Lübeck, Bd. 2, Oldenburg i. H. ²1856, S. 91.

II.1.2. 1865 bis 1919

Eine entscheidende Zäsur gab es im Jahre 1865, als – mit dem Hinweis auf die von Preußen und Österreich regierten Herzogtümer Schleswig und Holstein – ein Zeltlager bei Lockstedt errichtet und damit die jüngere Militärtradition vor Ort begründet wurde.[79] In der „wüsten Einöde"[80] entstand im Kontext des Deutsch-Französischen Krieges 1870/71 eine Sammelstelle für französische Gefangene.[81] Der aufgebaute Feldartillerie-Schießplatz, der allerdings in der Nutzung noch deutlich eingeschränkt war,[82] entwickelte sich allmählich zu einer wichtigen Militäreinrichtung in der ab 1867 preußischen Provinz Schleswig-Holstein; Heinrich Hinsch zufolge „pulste hier im Schatten der Linden, Eichen und Eschen eines machtvollen Reiches trutzige Wehr".[83] Für viele Zeitgenossen gilt das folgende halbe Jahrhundert bis zum Ersten Weltkrieg als „Glanzzeit". Abseits des eigentlichen eingezäunten Lagers siedelte sich in unmittelbarer Nähe indes kontinuierlich eine zivile Bevölkerung an, die – ebenfalls als Lockstedter Lager bezeichnet – in formaler Hinsicht entweder zu Lohbarbek oder zu Winseldorf gehörte; dies sollte sich erst in den 1920er-Jahren im Zuge einer durchaus sinnvollen Gebietsreform ändern.

Nachdem 1881 eine Kaiserparade abgehalten worden war,[84] kam es in den 1890er-Jahren zur Vergrößerung des Schießplatzes.[85] Konkret bedeutete dies, dass in zwei Etappen (1896 und 1898) die Grenzen des künftigen Truppenübungsplatzes erweitert wurden. Zu diesem Zweck erwarb das Deutsche Reich, dem das Gelände als Teil des IX. Armeekorps gehörte, Ländereien

---

79 Stolz, Gerd: Bundestreue oder Kriegsvorbereitung. Das preußische Lager bei Lockstedt im August 1865, in: Zeitschrift der Gesellschaft für Schleswig-Holsteinische Geschichte 141 (2016), S. 215–233.

80 Von Wehrs, Carl: Der Mittelrücken der Elbherzogthümer und seine Bewohner, in: Agronomische Zeitung. Organ für die Interessen der gesammten Landwirthschaft (16.04.1866), S. 241–245, hier S. 243.

81 PS JO, Notgeldschein Lockstedter Lager, 50 Pfennig, 1921 (Nr. 1; Motiv: „1870/71").

82 Rung: Anlage von Truppenübungsplätzen, S. 7.

83 Hinsch: Lockstedter Lager, S. 21, der im Weiteren (ebd.) ausführt: „Manchem Leser wird heute noch oft die Erinnerung an diese hohe Zeit kommen, an diese Zeit, die er vielleicht mit manchem Fluch auf Drill und Disziplin damals verwünschte, die aber heute den meisten gewiß mit die reichste und interessanteste Zeit ihres ganzen Lebens war." – Siehe auch Papke, Erwin: Das alte Lockstedter Lager. Eine richtige Soldatenstadt, in: Steinburger Jahrbuch 38 (1994), S. 73–82.

84 PS JO, Notgeldschein Lockstedter Lager, 50 Pfennig, 1921 (Nr. 2; Motiv: „1881").

85 Siehe für die 1890er-Jahre, auf der Basis nicht-kontextualisierter Zeitungsberichte, Schäfer, Siegfried (Hrsg.): Lockstedter Lager Courier. Die Lockstedter Lager und Umgebung 1890 bis 1899, Hohenlockstedt 2014.

von (zumeist) Landwirten umliegender Gemeinden,[86] die bei der späteren Besiedlung im Übrigen ein Wiederkaufsrecht hatten. Während viele Besitzer das alte Dorf Ridders frühzeitig verlassen hatten und seitens des Staates teils beträchtliche Summen für Gebäude und Land bezahlt worden waren,[87] konnte man nach entsprechenden Verhandlungen sowie geleisteter Überzeugungsarbeit – und zuletzt auf dem Wege der Enteignung – das gesamte Gemeindegebiet in den Besitz bringen; das aufgelassene Dorf wurde daraufhin „von der Artillerie als Zielscheibe benutzt und in kurzer Zeit niedergeschossen".[88] Auf dem nun 4.500 Hektar umfassenden Areal bildete sich mit dem kurz und prägnant als „Lola" betitelten Übungsplatz ein militärisches Ausbildungszentrum in Norddeutschland, dessen Mythos bis heute anhält. 1900 nahmen auf dem Truppenübungsplatz Lockstedt versammelte Soldaten etwa am Boxer-Aufstand in China teil.[89] Im folgenden Jahr entstand mit dem (im zivilen Teil gelegenen) Wasserturm das gemauerte Symbol des Lockstedter Lagers, das die Vorderseite des 1921 ausgegebenen Notgeldscheines ziert. Im „Barackenlager zur Unterbringung der Truppen"[90] wurden zukünftig neben primitiveren Unterkünften massive Mannschaftsbaracken errichtet.[91]

---

86 Exemplarisch sei für den Ort Hohenaspe SCHMALFELDT, Bernhard: [Beiträge zur Geschichte Hohenaspes], o. O. o. J., S. 143 f. angeführt, der neben der Gemeinde und der Kirche 39 Privatpersonen benennt.

87 Siehe in diesem Kontext POHLMAN, Adolf: Agrarfrage und Bodenreform. Herr Nobbe, in: Deutsche Volksstimme 10 (1899), Nr. 8, S. 229–236, hier S. 230: „Ich kenne einen Hof in Holstein, der vor 50 Jahren zu Mk. 1.500 p. a. verpachtet wurde, und durch Errichtung des Lockstedter Lagers in seiner Nähe derart im Werte stieg, daß er vor einigen Jahren vom Militärfiskus mit Mark 250.000 bezahlt wurde."

88 HINSCH: Lockstedter Lager, S. 18.

89 PS JO, Notgeldschein Lockstedter Lager, 50 Pfennig, 1921 (Nr. 3; Motiv: „1900"). – Siehe für die 1900er-Jahre SCHÄFER, Siegfried (Hrsg.): Lockstedter Lager Courier. Die Lockstedter Lager und Umgebung 1900 bis 1909, Hohenlockstedt 2015.

90 OLDEKOP, Henning: Topographie des Herzogtums Holstein einschließlich Kreis Herzogtum Lauenburg, Fürstentum Lübeck, Enklaven (8) der freien und Hansestadt Lübeck (4) der freien und Hansestadt Hamburg, Bd. 2, Kiel 1908, S. 102.

91 Siehe beispielsweise PS JO, Feldpostkarte, o. J. (Motiv: „Lockstedter Lager. Wellblechbaracken"), die neben Fachwerk- und Wellblechbaracken eine gemauerte Unterkunft zeigt. – Für die heute als Ausstellungsraum genutzte Massivbaracke 1 (M 1) sei verwiesen auf FACKLAM, Ulrike: Von der Massiv-Baracke 1 zum Kunsthaus. Bilddokumentation zur Geschichte eines Gebäudes, 2003: URL: https://www.m1-hohenlockstedt.de/data/media/Facklam_Massiv-Baracke.pdf (letzter Zugriff: 05.05.2021). – Siehe für die 1910er-Jahre SCHÄFER, Siegfried (Hrsg.): Lockstedter Lager Courier. Das Lockstedter Lager und Umgebung 1910 bis 1919, Hohenlockstedt 2016.

Der nur einige wenige Aspekte nennende Parforceritt durch die Geschichte des Truppenübungsplatzes endet im Ersten Weltkrieg mit Hunderttausenden Soldaten, die von hier an die Front gingen und vielfach nicht zurückkehren sollten.[92] Ein ganz besonderes Kapitel, das lediglich der groben Vollständigkeit halber angeführt sei, stellen die ab 1915 für den Unabhängigkeitskrieg gegen das zaristische Russland ausgebildeten „Finnischen Jäger" und das im Baltikum eingesetzte „Königlich-Preußische Jägerbataillon Nr. 27" dar.[93] Den Siedlern sind sie trotz räumlicher Überschneidungen nicht begegnet; wichtiger ist eher noch, dass ab 1919 im eigentlichen Lagerkomplex ein Durchgangslager (Dulag) für entlassene deutsche Kriegsgefangene installiert wurde.[94]

92 PS JO, Notgeldschein Lockstedter Lager, 50 Pfennig, 1921 (Nr. 4; Motiv: „1914–1918"). – PS JO, Notgeldschein Lockstedter Lager, 50 Pfennig, 1921 (Nr. 5; Motiv: „1918"). – Siehe für 1918 und die Verbindung vom „Matrosenaufstand" zum Truppenübungsplatz Lockstedt auch VON SCHMIDT-PAULI, Edgar: Geschichte der Freikorps 1918–1924. Nach amtlichen Quellen, Zeitberichten, Tagebüchern und persönlichen Mitteilungen hervorragender Freikorpsführer, Stuttgart ³1936, S. 242.
93 CARL, Rolf-Peter: Das Lockstedter Lager. Ein Stück finnischer Geschichte auf deutschem Boden, in: Schleswig-Holstein. Die Kulturzeitschrift für den Norden (2017), Nr. 2, S. 54–59. – SCHÄFER, Siegfried (Hrsg.): Lockstedter Lager Courier. Das königlich preußische Jägerbataillon Nr. 27 im Lager bei Lockstedt, Hohenlockstedt 2014. – TREICHEL, Fritz: Hohenlockstedt und die finnische Armee, in: Steinburger Jahrbuch 42 (1998), S. 171–194. – Zu nennen ist neben MENGER, Manfred: Zur Rolle Deutschlands bei der Erringung der Selbstständigkeit Finnlands, in: GÖLL-NITZ, Martin u. a. (Hrsg.): Konflikt und Kooperation. Die Ostsee als Handlungs- und Kulturraum, Berlin 2019, S. 211–219, auch die fundierte Einordnung von KESSELRING, Agilolf: Des Kaisers „finnische Legion". Die finnische Jägerbewegung im Ersten Weltkrieg im Kontext der deutschen Finnlandpolitik (Schriftenreihe der Deutsch-Finnischen Gesellschaft e. V., Bd. 5), Berlin 2005. – Siehe im Kontext der im Nationalsozialismus vielfach beschworenen „deutsch-finnischen Waffenbrüderschaft" HALTER, Heinz: Finnlands Jugend bricht Rußlands Ketten. Die Geschichte des Preußischen Jäger-Bataillons 27. Ein Tatsachenbericht aus dem Weltkrieg, Leipzig ²1942. – RIECK-TAKALA, Hanna: Ruth Munck. Die „Schwester" der finnischen Jäger und die Beziehungen zum Lockstedter Lager, in: Steinburger Jahrbuch 64 (2020), S. 57–77.
94 GLISMANN: Hohenlockstedt, S. 57.

II.2. „Innere Kolonisation": Rahmenbedingungen der landwirtschaftlichen Siedlung

Mit ihren Werken „Innere Colonisation im Nordwesten Deutschlands"[95] und „Die innere Kolonisation im östlichen Deutschland" legten der Unternehmer Alfred Hugenberg 1891 und der Wirtschaftsprofessor Max Sering 1893 grundlegende Arbeiten vor, die sich eines elementaren Schlagwortes im Bezug auf die Landwirtschaftsgeschichte des späten 19. und frühen 20. Jahrhunderts bedient.[96] Gemeint ist das Bestreben, im Unterschied zur herkömmlichen Kolonisation außerhalb der Landesgrenzen (eng geknüpft an das Begriffspaar von Kolonialismus und Imperialismus) nun vielmehr innerhalb bestehende, aber bisher nicht (hinreichend) genutzte Gebiete zu erschließen.[97] Gemeinsam mit dem Oppelner Regierungspräsidenten Friedrich Ernst von Schwerin gründete Sering 1912 die Gesellschaft zur Förderung der inneren Kolonisation, die mit dem „Archiv für innere Kolonisation" eine wichtige Fachzeitschrift herausbrachte.[98] Als weiterer Name ist Hans Ponfick zu nennen, der von 1919 bis 1923 als Leiter der Unterabteilung für ländliche Siedlung im Reichsarbeitsministerium beschäftigt war und 1925 die „Siedlung in Stichwörtern. Ein Handwörterbuch des ländlichen Siedlungswesens" vorlegte, worin er alle relevanten Termini auflistet. Dem Werk stellt Ponfick in der Widmung (für seine Frau und seine Mutter) voran: „Siedeln heißt: bodenständig machen, heißt zugleich die Reihen derer stärken, denen das Eigentum die Grundlage aller Zivilisation und Kultur bedeutet."[99] Wer

---

95 HUGENBERG, Alfred: Innere Colonisation im Nordwesten Deutschlands (Abhandlungen aus dem Staatswissenschaftlichen Seminar zu Straßburg i. E., Bd. 8), Straßburg 1891.

96 SERING, Max: Die innere Kolonisation im östlichen Deutschland (Schriften des Vereins für Socialpolitik, Bd. 56), Leipzig 1893. – Siehe auch HEITZ, Gerhard: Max Sering oder die Apologetik der inneren Kolonisation, in: Jahrbuch für Regionalgeschichte 4 (1972), S. 48–70.

97 O. N.: Ueber Auswanderung und innere Colonisation in besonderer Beziehung auf Preußen. Eine Staatsschrift, Berlin 1848. – LANDWIRTSCHAFTSKAMMER FÜR DIE PROVINZ SCHLESWIG-HOLSTEIN: Vorgehen der Landwirtschaftskammer für die Provinz Schleswig-Holstein zwecks Förderung der inneren Kolonisation und Gründung einer gemeinnützigen Siedlungsgenossenschaft für Schleswig-Holstein, Kiel [1908].

98 Neben dem „Archiv für innere Kolonisation" förderte die Gesellschaft auch weitere Publikationen wie etwa die des geschäftsführenden Vorstandsmitgliedes SCHAUFF, Johann (Hrsg.): Wer kann siedeln? Berufskreise und Bauernsiedlung, Berlin 1932.

99 PONFICK, Hans: Siedlung in Stichwörtern. Ein Handwörterbuch des ländlichen Siedlungswesens, Berlin 1925, S. 3.

sich mit der Siedlung beschäftigt, kommt an der Auseinandersetzung mit dem Boden – und an dem fortwährenden Diskurs, welche Macht dieser im wirtschaftlichen Zusammenhang besitzt – nicht vorbei. Der aus dem unmittelbar an den ehemaligen Truppenübungsplatz angrenzenden Ort Hohenaspe stammende Bodenreformer Adolf Pohlman fasste zu Beginn des 20. Jahrhunderts pointiert zusammen: „Man gebe mir das Recht am Boden eines Landes und ich mache das Leben der Menschen darauf zu einem Himmel oder einer Hölle, gerade wie ich will; einerlei, in wessen Händen sich die Produktionsmittel befinden."[100] Dies ließe sich in nuce ausdrücken: Vielleicht mag der Boden nicht alles sein, doch ohne den Boden ist alles nichts.[101] So verwundert nicht, dass dieser gewichtige Aspekt auch Eingang in die Weimarer Verfassung gefunden hat.[102] Wie auch bei RS 61 gezeigt werden kann, war (landwirtschaftliche) Siedlung stets auch eine programmatische und politisch wie emotional aufgeladene Angelegenheit, wobei etwa der vormalige Generaloberarzt Georg Bonne mit seiner Schrift „Volksgesundung durch Siedlung! Eine christliche und soziale Notwendigkeit" von 1928 angeführt werden darf.[103]

Wenn im Folgenden die wesentlichen Gesetzesgrundlagen vorgestellt werden, dann geschieht dies vor allem deshalb, weil die Errichtung einer Siedlung stets bestimmten Regeln unterworfen war. Für das betrachtete Kultivierungsprojekt in Steinburg stand am Anfang der Versailler Vertrag vom 28. Juni 1919 als notwendige Voraussetzung: Dieser erlegte dem Deutschen Reich letztlich auf, das Kontingent der Reichswehr auf 100.000 aktive

---

100 POHLMAN, Adolf: Werde- und Wanderjahre in Süd-Amerika. Erinnerungen eines deutschen Kaufmannes, Itzehoe ³1926, S. 45. – DERS.: Laienbrevier der National-Ökonomie, Leipzig 1908 (das Werk erschien ab der dritten Auflage unter dem Titel „Grundbegriffe der Volkswirtschaft"). – OCKER: Adolf Pohlman-Hohenaspe, S. 44 f.

101 So formulierte dies etwa auch Gerd-Heinrich Kröchert aus der in Mecklenburg-Vorpommern gelegenen Gemeinde Daberkow, der von 1998 bis 2006 Präsident des Bauernverbandes Mecklenburg-Vorpommern war, im Gespräch mit dem Verfasser der vorliegenden Studie (03.09.2020).

102 Die Verfassung des Deutschen Reichs. Vom 11. August 1919, in: Reichs-Gesetzblatt (1919), Nr. 152, S. 1383–1418, hier S. 1385 (Art. 10, Abs. 4) u. 1413 (Art. 155).

103 BONNE, Georg: Volksgesundung durch Siedlung! Eine christliche und soziale Notwendigkeit (Christliche Wehrkraft, Bd. 5), München 1928. Die Abschnitte darin tragen die völkisch-tendenziösen Titel „Über Rassenhygiene und Siedlungswesen" und „Die wirtschaftlichen Vorteile des Kleinhauses, seine Herstellung und seine kulturelle Bedeutung für die gesamte Volkheit".

Soldaten zu begrenzen und eine weitgehende Entmilitarisierung herbeizuführen,[104] wodurch der Betrieb auf den Übungsplätzen zwangsläufig zurückging und dem preußischen Siedlungsgedanken entgegenkam.

II.2.1. Preußische Rentengutsgesetze (1890/91)

Als Teil der sozialen Frage waren die Landflucht und die entsprechende Reaktion darauf im ausgehenden 19. Jahrhundert von großer Tragweite sowohl in Preußen als auch im Deutschen Reich. Nachdem sich die schleswig-holsteinische Bevölkerung zunehmend damit arrangiert hatte, seit 1867 preußische Provinz zu sein,[105] hatte sich das Königreich auf institutioneller Ebene dafür einzusetzen, die sozialen Herausforderungen zu lösen. Die Verlagerung der Sektoren mit dem eilig voranschreitenden Wandel von der Landwirtschaft zur Industrie oder gar zur Dienstleistung erforderte Handlungsbedarf; die erstrebte Neusiedlung bedurfte aufgrund des bei den potenziellen Siedlern zumeist fehlenden Kapitals eines Impulses, mithilfe dessen Landwirte mittel- und langfristig sesshaft gemacht werden konnten. Vor diesem Hintergrund schuf Preußen im Jahre 1890 das Prinzip der Rentengüter,[106] die Gegenstand zahlreicher Abhandlungen wurden.[107] Das Gesetz legt

---

104 Gesetz über den Friedensschluß zwischen Deutschland und den alliierten und assoziierten Mächten. Vom 16. Juli 1919, in: Reichs-Gesetzblatt (1919), Nr. 140, S. 687–1349, hier S. 919–971 (Art. 159–213).

105 Siehe hierzu AUGE, Oliver/WEBER, Caroline E. (Hrsg.): Pflichthochzeit mit Pickelhaube. Die Inkorporation Schleswig-Holsteins in Preußen 1866/67 (Kieler Werkstücke, Reihe A: Beiträge zur schleswig-holsteinischen und skandinavischen Geschichte, Bd. 57), Berlin 2020.

106 Gesetz über Rentengüter. Vom 27. Juni 1890. – Gesetz, betreffend die Beförderung der Errichtung von Rentengütern. Vom 7. Juli 1891, in: Gesetz-Sammlung für die Königlichen Preußischen Staaten (1891), Nr. 24, S. 279–284. – Siehe auch ANDRESEN, Andreas H.: Die Rentengüter-Gesetze in Preußen vom 27. Juni 1890 und 7. Juli 1891. Text-Ausgabe mit Anmerkungen (Taschen-Gesetzsammlung, Bd. 3), Berlin 1892. – HAACK, Richard: Die preußische Agrargesetzgebung, Bd. 1: Die preußischen Gesetze über Rentengüter, Berlin ²1921.

107 Siehe in chronologischer Reihenfolge beispielsweise CHÜDEN, Oskar: Die Rentengutsbildung in Preußen. Eine wirthschaftliche und eine soziale Gefahr für die Ostprovinzen der Monarchie, Königsberg 1896. – STIER-SOMLO, Fritz: Zur Geschichte und rechtlichen Natur der Rentengüter, Berlin 1896. – AAL, Arthur: Das preußische Rentengut. Seine Vorgeschichte und seine Gestaltung in Gesetzgebung und Praxis (Münchener Volkswirtschaftliche Studien, Bd. 43), Stuttgart 1901. – DELIUS, Wilhelm: Das Preußische Rentengut oder wie kann man ohne große Barmittel zu einem eigenen ländlichen Besitz gelangen? (Schriften für den landwirtschaftlichen Unterricht im Heere), Berlin 1911. – DELIUS, Fritz: Die Rentengutsbildungen in der Provinz Schleswig-Holstein. Ein Beitrag zur inneren Kolonisation Preußens, Hannover 1913. – SCHÜMICHEN,

ganz zu Beginn fest: „Die eigenthümliche Uebertragung eines Grundstücks gegen Uebernahme einer festen Geldrente (Rentengut), deren Ablösbarkeit von der Zustimmung beider Theile abhängig gemacht wird, ist zulässig."[108] Der Gedanke, der sich hinter der Schaffung eines im Grundbuch eingetragenen Rentengutes verbirgt, besteht darin, einen Siedler/Landwirt durch eine jährlich zu bezahlende Summe bis zu einer vertraglich festgesetzten Zeit in den Besitz von Gebäuden sowie Land zu bringen. Dass – und hier sticht die landwirtschaftlich-pragmatische Komponente klar hervor – nicht ausschließlich Geld entrichtet werden musste, benennt der zweite Paragraph: „Den festen Geldrenten sind gleich zu achten diejenigen festen Abgaben in Körnern, welche nach dem jährlichen, unter Anwendung der Ablösungsgesetze ermittelten Marktpreise in Geld abzuführen sind."[109] Dies ist nicht zuletzt deshalb relevant, weil es bei der im Rentengutsverfahren durchgeführten Besiedlung des Truppenübungsplatzes Lockstedt etwa Roggenrenten gab.

Dass die preußischen Rentengüter eine finanzierbare Möglichkeit darstellten und viele Gehöfte dieser Form in der Folgezeit – wie auch auf dem ehemaligen Lockstedter Militärgelände – begründet wurden, belegen die zahlreichen diesbezüglichen Akten im Schleswig-Holsteinischen Landesarchiv mit den Kürzeln „RS" (für Rentengutssache) und der Nummer des entsprechenden Siedlungsprojektes.[110]

II.2.2. Reichssiedlungsgesetz (1919) und Reichsheimstättengesetz (1920)

Neben der preußischen Agrargesetzgebung, die als maßgeblich für die schleswig-holsteinische Siedlungstätigkeit zu gelten hat, dürfen die Reichsgesetze nicht außer Acht gelassen werden, da diese sich häufig bedingten. So wurde am 11. August 1919 das Reichssiedlungsgesetz geschaffen,[111] das

---

Walter: Das preußische Rentengut und die Ansiedlung Kriegsbeschädigter, Diss. Univ. Greifswald 1916. – WALDHECKER, Paul: Rentengüter in der Rheinprovinz, Mönchengladbach 1918. – THYSSEN, Thyge: Die Rentengutsgründungen in Schleswig-Holstein, Diss. Univ. Kiel 1919. – MEYER, Hans: Das Rentengut nach preußischem Recht, Diss. Univ. Breslau 1920.
108 Gesetz über Rentengüter. Vom 27. Juni 1890, S. 209.
109 Ebd., S. 210.
110 Als Beispiel sei die „Rentengutssache Hohenaspe" von 1929/30 mit dem Kürzel „RS 619" genannt: LASH, Abt. 305, Nr. 6265: Rentengutssache Hohenaspe (1929/30). Die Gemeinde grenzt direkt an den ehemaligen Truppenübungsplatz Lockstedt an.
111 Reichssiedlungsgesetz. Vom 11. August 1919, in: Reichs-Gesetzblatt (1919), Nr. 155, S. 1429–1436. – PONFICK, Hans/WENZEL, Fritz: Das Reichssiedlungsgesetz vom 11. August 1919 nebst den Ausführungsbestimmungen (Taschen-Gesetzsammlung, Bd. 94), Berlin ³1930. – Siehe auch die Zeitschrift „Landentwicklung

für RS 61 von Bedeutung war, da hier bestimmt wurde, dass es sich um ein
Siedlungsverfahren nach Paragraph 29 des Reichssiedlungsgesetzes handele:

> „Alle Geschäfte und Verhandlungen, die zur Durchführung von Siedlungsverfahren
> im Sinne dieses Gesetzes dienen, sind, soweit sie nicht im Wege des ordentlichen
> Rechtsstreits vorgenommen werden, von allen Gebühren, Stempelabgaben und
> Steuern des Reichs, der Bundesstaaten und sonstigen öffentlichen Körperschaften
> befreit.
> Die Gebühren, Stempel- und Steuerfreiheit ist durch die zuständigen Behörden ohne
> weitere Nachprüfung zuzugestehen, wenn das gemeinnützige Siedlungsunterneh-
> men (§ 1) versichert, daß der Antrag oder die Handlung zur Durchführung eines
> solchen Verfahrens erfolgt."[112]

Für RS 61 war darüber hinaus das Preußische Ausführungsgesetz vom 15.
Dezember 1919 mit Paragraph 11, Absatz 1, von besonderer Bedeutung: „Als
gemeinnütziges Siedlungsunternehmen im Sinne des § 1 des Reichssiedlungsgesetzes gilt auch das Kulturamt."[113] Des Weiteren wurde festgehalten, dass
die Ergänzung zum Reichssiedlungsgesetz vom 7. Juni 1923 mit Artikel 2,
Nummer 4 bis 6, gültig sei, wobei es um kleinere Änderungen in Paragraph
29 ging.[114]

Wenngleich nicht direkt, so sollte doch auch noch auf das Reichsheimstättengesetz vom 10. Mai 1920 hingewiesen werden.[115] Nachdem bereits
während des Ersten Weltkrieges Kriegerheimstätten gefordert worden
waren,[116] schuf der Staat nun Reichsheimstätten, die ähnlich den preußischen

---

aktuell. Das Magazin des Bundesverbandes der gemeinnützigen Landgesellschaften" von 2019, die sich zum 100. Jahrestag des Reichssiedlungsgesetzes vielschich-
tig mit diesem auseinandersetzt und etwa einen Beitrag der Bundesministerin für
Ernährung und Landwirtschaft beinhaltet: KLÖCKNER, Julia: Rückblick und Ausblick. 100 Jahre Reichssiedlungsgesetz. 50 Jahre Gemeinschaftsaufgabe Verbesserung der Agrarstruktur und des Küstenschutzes, in: Landentwicklung aktuell.
Das Magazin des Bundesverbandes der gemeinnützigen Landgesellschaften 24
(2019), S. 7–9.

112 Reichssiedlungsgesetz. Vom 11. August 1919, S. 1436.
113 Ausführungsgesetz zum Reichssiedlungsgesetze vom 11. August 1919 (Reichs-
     Gesetzbl. S. 1429). Vom 15. Dezember 1919, in: Preußische Gesetzsammlung
     (1920), Nr. 4, S. 31–41, hier S. 34. – KRAUSE, Max: Die preußischen Siedlungs-
     gesetze nebst Ausführungsvorschriften (Die neue preußische Agrargesetzgebung,
     Bd. 1), Berlin ²1922.
114 Gesetz, betreffend Ergänzung des Reichssiedlungsgesetzes vom 11. August 1919.
     Vom 7. Juni 1923, in: Reichsgesetzblatt, Teil 1 (1923), Nr. 41, S. 364–366, hier
     S. 365.
115 Reichsheimstättengesetz. Vom 10. Mai 1920, in: Reichs-Gesetzblatt (1920), Nr.
     108, S. 962–970.
116 Siehe zu den Kriegerheimstätten OCKER: Adolf Pohlman-Hohenaspe, S. 52–55.

Rentengütern aufgebaut waren und auf dem Wege einer jährlich zu entrichtenden Zahlung besonders Kriegsteilnehmern und ihren Familien eine neue Bleibe sichern sollten.[117] Wie dies bereits bei den Rentengütern der Fall war, wurden auch die Reichsheimstätten in zahlreichen zeitgenössischen wissenschaftlichen Abhandlungen diskutiert, wobei etwa auf Helgo Klatts Studie „Der Gedanke des deutschen Heimstättenwesens" von 1929 hingewiesen sei.[118] Die Diplomarbeit wurde seinerzeit bei Werner Sombart, Volkswirtschaftsprofessor an der Friedrich-Wilhelms-Universität zu Berlin, eingereicht, der ein Jahr zuvor das Werk „Volk und Raum"[119] herausgegeben und hier die im Nationalsozialismus dann ganzheitlich völkisch interpretierte „Blut und Boden"-Deutung vorweggenommen hatte, wobei in diesem Zusammenhang nicht zuletzt des Titels wegen auch an Hans Grimm und sein zweibändiges Werk „Volk ohne Raum" zu denken ist.[120]

II.3. Vom Truppenübungsplatz Lockstedt zum landwirtschaftlichen Siedlungsgebiet

Unterschiedliche Faktoren waren nach dem Ersten Weltkrieg dafür verantwortlich, dass der im Besitz des Deutschen Reiches stehende

---

117 WEDDIGEN, Eduard: Die Heimstätten nach dem Reichsheimstättengesetz vom 10. Mai 1920. Verglichen mit den landesrechtlichen Heimstätten und dem preußischen Rentengut, Diss. Univ. Kiel 1922. – Im Kontext neuer Wohnformen sei auch auf den Künstler Wenzel Hablik und seine visionären Vorstellungen verwiesen: FEUSS, Axel: Entwurf einer utopischen Welt, in: MAIBAUM, Katrin/ GRÄBER, Katharina (Hrsg.): Wenzel Hablik. Expressionistische Utopien. Malerei, Zeichnung, Architektur, München/London/New York 2017, S. 58–109 (bes. S. 74 mit dem „Vielfamilienwohnhaus" von 1919).

118 Privatsammlung Günter Klatt, Pellworm, Der Gedanke des deutschen Heimstättenwesens, unveröffentlichte Diplomarbeit von Helgo Klatt, 1929. In dem „Schlusswort" äußert Klatt (S. 83 f.): „Unsere Aufgabe haben wir damit erfüllt, die Erkenntnis des Bestehenden zu fördern. Nicht ist es der Sinn vorliegender Arbeit, eine eigene Stellungnahme zu den Heimstättenbestrebungen einzunehmen, eine Kritik zu fällen. Ebensowenig ist beabsichtigt, einen sogenannten ‚Ausblick' zu geben, ob oder wie sich das bestehende Heimstättenrecht in der Praxis bewähren wird. Soviel sei nur gesagt: Sein Erfolg wird davon abhängen, ob es ihm gelingen wird, den Siedlungswillen zu stärken und in die Tat umzusetzen, um dadurch schliesslich eine wachsende Bevölkerung innerhalb der bestehenden Grenzen Deutschlands zu erhalten."

119 SOMBART, Werner (Hrsg.): Volk und Raum. Eine Sammlung von Gutachten zur Beantwortung der Frage: „Kann Deutschland innerhalb der bestehenden Grenzen eine wachsende Bevölkerung erhalten?", Hamburg/Berlin/Leipzig 1928.

120 GRIMM, Hans: Volk ohne Raum, Bd. 1: Heimat und Enge, München 1926. – DERS.: Volk ohne Raum, Bd. 2: Deutscher Raum, München 1926.

Truppenübungsplatz Lockstedt für die Siedlungspläne des Reichsarbeitsministeriums und des Preußischen Ministeriums für Landwirtschaft, Domänen und Forsten in Betracht gezogen wurde. Im Folgenden sollen die Prozesse ab 1920 von der (gescheiterten) „Gründungsvereinigung Siedelungs- und Erzeugungsgenossenschaft Lockstedter Lager" (Lolag) bis zum (erfolgreichen) Kultivierungsprojekt des Kulturamtes Heide, bei dem es sich um den entscheidenden Siedlungsträger handelte, nachvollzogen werden. Als besonders relevant sind hierbei die verschiedenen Akteure von der Reichsebene bis zu den Siedlern anzuführen, die trotz der immer wieder begegnenden unterschiedlichen Vorstellungen letzten Endes doch nur gemeinsam die Rentengutssache zum Abschluss bringen konnten. Mit Bezug auf Friedrich Kuhlmann und die landwirtschaftliche Standorttheorie gilt es, auf der Grundlage der archivalischen Überlieferung und der Siedlungsliteratur herauszuarbeiten, wie sich der einzelnen Inhalte angenommen wurde. Während übrige Rentengutsverfahren normalerweise einzelne Gehöfte im Blick hatten, fokussierte RS 61 nicht weniger als 121 Rentengüter mit einer Gesamtfläche von rund 3.500 Hektar, von denen etwa 2.300 Hektar als landwirtschaftliche Nutzfläche kultiviert wurden.[121] Daher nimmt es nicht wunder, dass der alle Bestimmungen zusammenfassende Schlussrezess ein gewichtiger Band ist, der zwar selbstredend eine bedeutsame Quelle darstellt, allerdings mehr die Verwaltungsaspekte und rechtlichen Formalia als die Hintergründe sowie die Siedler als wesentliche Akteure fokussiert.

Im Folgenden soll ausgehend von den Ambitionen eines Hamburger Konsortiums, das sich im Jahre 1920 trotz einer Machbarkeitsstudie nicht behaupten konnte, zunächst die Besiedlung mit ihren einzelnen Phasen im ereignisgeschichtlichen Überblick geschildert werden. Ganz bewusst werden hierbei nur die wichtigsten Daten und Fakten dargereicht, weil – wie bereits geäußert – eine detaillierte Nacherzählung für das Forschungsinteresse nicht sonderlich zielführend sein kann. Vielmehr werden bei der anschließenden Analyse verschiedene relevante Parameter untersucht: Von elementarer Bedeutung sind die Akteure von der Reichs- bis zur Lokalebene mit ihren Tätigkeiten und Handlungsoptionen. Es wird zu prüfen sein, welche Personengruppen in welcher Form beteiligt waren und wie die einzelnen Prozesse von Berlin bis zum Siedlungsgebiet in Steinburg abliefen. Besondere Aufmerksamkeit erhalten die Siedler, die in der ersten Generation (im Unterschied zu den Zweit- und Drittsiedlern) in den allermeisten Fällen nicht aus Schleswig-Holstein stammten und auch selten überhaupt einen landwirtschaftlichen Hintergrund besaßen. Neben der von Kuhlmann als Kernelement hervorgehobenen Eignung des Landwirtes, die maßgeblich für Erfolg

---

121 LASH, Abt. 355.20, Nr. 2103, Bl. 2ᵛ.

oder Scheitern verantwortlich war,[122] geht es mittelbar auch um ökonomische und politische Aspekte der Siedler; zuletzt wird noch die zeitgenössische Berichterstattung behandelt.

II.3.1. Erste Bestrebungen zur Nachnutzung (1920): „Gründungsvereinigung Siedelungs- und Erzeugungsgenossenschaft Lockstedter Lager" (Lolag)

Die Zukunft des Truppenübungsplatzes Lockstedt war zu Beginn des Jahres 1920 noch ungewiss; für die Zeitgenossen wie Heinrich Hinsch schien zumindest klar, dass eine Ära zu existieren aufhörte: „Lockstedter Lager war mit Deutschlands Wehrmacht, ja mit Deutschlands Größe und Glanz, so eng verbunden, daß es mit diesem wurde und verging."[123] Zwar hatte sich die Reichswehr ein Areal von etwa 190 Hektar erhalten können; der bedeutende Teil des Militärgeländes war jedoch für eine neue Nutzung verfügbar – und zog durchaus verschiedene Interessenten an. So wandte sich der Landrat des Kreises Steinburg Anfang Februar 1920 in einem Schreiben an den Regierungspräsidenten in Schleswig zwecks „Verwertung des Truppenübungsplatzes Lockstedter-Lager".[124] Darin teilt er mit, dass sich ein Hamburger Zusammenschluss gemeldet habe, um „den Platz zu industriellen und landwirtschaftlichen Zwecken" verwenden zu wollen. Konkret ging es dem Gremium, das sich als „Gründungsvereinigung Siedelungs- und Erzeugungsgenossenschaft Lockstedter Lager" mit dem Kurznamen „Lolag" bezeichnete und über dessen Personen hingegen heute keine Informationen mehr bekannt sind, bei der agrarischen Komponente darum, „Zuckerrübenanbau im Grossen, Spargel- oder Kartoffelanbau zu betreiben". Der Besuch vor Ort sei den umliegend wohnhaften Steinburgern nicht verborgen geblieben und habe nach Meinung von Landrat Reinhard Pahlke[125] zur öffentlichen Erregung geführt:

---

122 BOYENS: Bedeutung und Stand, S. 55, führt bereits 1929 und somit zeitgenössisch die „Befähigung des einzelnen Siedlers" als eine wesentliche Voraussetzung an.

123 HINSCH: Lockstedter Lager, S. 21, der im Weiteren (ebd.) äußert: „Mit des Deutschen Herrlichkeit ist Lockstedter Lager erstanden, mit ihm aufgeblüht und mit ihm vergangen. Mit dem gewaltigen Finale des Weltkrieges ging diese glanzvolle Zeit zu Ende; noch einmal stürmte hier schleswig-holsteinische Jugend in ernstem Uebungsspiel über die braune Heide, noch einmal grollte der Donner der Geschütze über das bunte und weite Gelände, standen Fesselballons hier in den Lüften, übten Sturmtrupps, Funker und der Offiziersnachwuchs, um an den Fronten im blutigen Kampf ihren Mann zu stehen."

124 LASH, Abt. 320.18, Nr. 3848, Bl. 2: Steinburger Landratsamt an das schleswig-holsteinische Regierungspräsidium Schleswig, Itzehoe, 02.02.1920 (dort finden sich auch die nachstehenden Zitate).

125 Siehe zu diesem MÖLLER: Küstenregion, S. 616.

„Sie fürchten, dass, wenn überhaupt der Platz als Truppenübungsplatz eingehen soll, auf dem anscheinend beabsichtigten Wege der Platz unwirtschaftlich ausgebeutet und zu Spekulationszwecken veräussert werden könne. Diese Befürchtungen scheinen mir nach dem ganzen Verlauf der anscheinend etwas geheimnisvollen Verhandlungen nicht unbegründet."[126]

Während das Schreiben an das Abwicklungsamt des früheren IX. Armeekorps in Schwerin sowie an die Reichswehr-Brigade 9 daselbst weitergereicht wurde, wandte sich die Lolag direkt an das Landratsamt, um die Absichten in einer zehnseitigen Denkschrift mitzuteilen. Als Angehörige des „Kaufmann- und Ingenieurstande[s]"[127] beschäftigen sich die namentlich nicht in Erscheinung tretenden Interessenten darin mit den Bereichen „Siedelung", „Landwirtschaft und Viehzucht" sowie „Industrie und Heimarbeit". Es geht etwa um Pläne des „wiederaufzubauenden Dorfes Ridders"[128] und den Grundgedanken, das Gelände zu einem Industriegebiet umzufunktionieren. Die Zucht von Schweinen, Schafen und Bienen sei möglich, die Kultivierung des Bodens hingegen dringend erforderlich. Wesentliche Bestrebung sei überdies die Schaffung verschiedener Wohn- und Arbeitsstätten, um zu konstatieren:

„Die Gründer der Lolag verkennen nicht die umfangreichen Aufgaben, die ihr bei Durchführung des geplanten Unternehmens bevorstehen, sie sind sich auch des Umstandes bewußt, daß nur in rastloser Arbeit und Tatkraft und in engem Zusammenarbeiten mit dem Kreise Steinburg und seinen Bewohnern die Verwirklichung aller gesteckten Ziele zu suchen ist."[129]

Der Landrat schien von den Vorstellungen nicht sonderlich angetan zu sein; zumindest teilte die Schleswig-Holsteinische Höfebank in einem vertraulichen Schreiben mit: „Der Lolag und ihren Gründern steht man im Reichsschatzministerium etwa mit denselben Gefühlen gegenüber wie Sie und wir."[130] Die Höfebank als großes Siedlungsunternehmen hoffte zu diesem Zeitpunkt selbst darauf, das lukrative Gebiet in Kultur bringen zu können, sei sie doch nach eigener Aussage „für Siedlungsobjekte jeder Größe ein jederzeit zahlungsfähiger Käufer".[131] Deshalb bat sie „ergebenst, sobald

126 LASH, Abt. 320.18, Nr. 3848, Bl. 2: Steinburger Landratsamt an das schleswig-holsteinische Regierungspräsidium Schleswig, Itzehoe, 02.02.1920.
127 Ebd., Bl. 14–23: Denkschrift der Gründungsvereinigung Siedelungs- und Erzeugungsgenossenschaft Lockstedter Lager, Hamburg, 05.03.1920, hier Bl. 14.
128 Ebd., Bl. 16.
129 Ebd., Bl. 23.
130 Ebd., Bl. 24: Schleswig-Holsteinische Höfebank an das Steinburger Landratsamt, Kiel, 09.03.1920.
131 Ebd., Bl. 29: Schleswig-Holsteinische Höfebank an das Reichsschatzministerium, Kiel, 09.03.1920.

die Frage der Verwertung des Lockstedter Lagers und des Truppen-Übungs-platzes zur Entscheidung reif ist, uns davon Mitteilung zu machen, damit wir unsere Vorschläge über die Besiedlung machen können". Im April 1920 richtete sich die Höfebank wiederum an den Landrat, da sie von der Lolag die Information erhalten hatte, dass sich die Reichstreuhandgesellschaft als Nachfolgerin des Reichsverwertungsamtes bereits um die Abwicklung des Truppenübungsplatzes kümmere. So recht glauben wollte die Höfebank die Aussagen der Konkurrenz nicht, doch blieb ein Zweifel, den es auszuräumen galt: „Wir wären Ihnen, sehr geehrter Herr Landrat, sehr dankbar, wenn Sie die Liebenswürdigkeit hätten, soweit es Ihnen möglich ist, unter der Hand Ermittlungen hierüber anzustellen."[132]

Die innenpolitischen Ereignisse vom März 1920 hatten zu diesem Zeit-punkt allerdings schon einen Strich durch die Rechnung gemacht – sowohl für die Lolag als auch für die Höfebank, wie noch aufgezeigt wird. Im Som-mer war die Soldatensiedlung, für die letztlich das Kulturamt Heide gleich-sam als lachender Dritter die Verantwortung übernahm, bereits in Gange, als der Landrat im Juni nochmals auf das unseriöse Auftreten der Lolag einging, „deren Pläne und Wünsche ich als sachgemäß in keiner Weise bezeichnen kann".[133]

II.3.2. Besiedlung von 1920 bis 1930: Überblick

Nachdem die Lolag und die Höfebank ihre Pläne zur Nutzung des Trup-penübungsplatzes im Frühjahr 1920 hatten begraben müssen und mit den Freikorpsangehörigen (potenzielle) Siedler mit militärischem Hintergrund auf dem unkultivierten Gelände angekommen waren, wie im Einzelnen zu den Anfängen 1920/21 noch näher ausgeführt wird, begann im Mai 1920 die anfangs relativ unstrukturierte und sich zügig entwickelnde Kultivierung. Bis die Siedler im November 1929 den Schlussrezess unterzeichnen konnten und RS 61 im folgenden Jahr ein Ende fand, waren unzählige Etappen zu absolvieren. Auf der Grundlage der erhaltenen Dokumente werden die wich-tigsten Ereignisse in kurzer Form festgehalten.[134]

---

132 Ebd., Bl. 27: Schleswig-Holsteinische Höfebank an das Steinburger Landratsamt, Kiel, 14.04.1920.
133 LASH, Abt. 320.18, Nr. 2073, Steinburger Landratsamt an das preußische Minis-terium für Landwirtschaft, Domänen und Forsten, Itzehoe, 28.06.1920.
134 Sofern nicht anders angegeben, entstammen die nachstehenden Informationen den Beständen im LASH, Abt. 305, Nr. 6231–6237. – Vgl. GLISMANN: Hohen-lockstedt, S. 60–85.

Der Kapp-Lüttwitz-Putsch, der in Schleswig-Holstein besonders Kiel
betroffen hatte,[135] offenbarte die Gefahr der paramilitärischen Verbände, die
zuvor etwa im Baltikum eingesetzt waren, weshalb ein Umdenken stattfand
und vor allem im Freistaat Preußen der Siedlungsgedanke in starkem Maße
verfolgt wurde. Während die Freikorpsoffiziere mit ihren Mannschaften
nach der in Munster erfolgten Auflösung zu Hunderten nach Holstein gingen
und auf dem bekannten Truppenübungsplatz Lockstedt ankamen, entschieden sich mittel- und langfristig doch nur wenige Personen für den Verbleib.
Die Unterbringung in Baracken und die mühsame Arbeit auf den Feldern,
die erst welche werden sollten, vermochten nicht jeden zu überzeugen. Aus
Arbeitsgemeinschaften wurden Soldatensiedlungsgenossenschaften; nur aufgrund der täglich geleisteten Arbeit konnte das Gemeinschaftsprojekt überhaupt voranschreiten.

Die im Jahre 1921 erstmals eingefahrene Ernte zeigte den Beteiligten, die
geblieben waren, in welche Richtung RS 61 gehen könnte; Gebäude standen
allerdings noch keine. Eine wichtige Versammlung zum Stand der Siedlung
erfolgte daraufhin am 4. November 1921, zu der das Kulturamt Heide lud.[136]
Um zu verdeutlichen, welche Personenkreise sich mit dem vormaligen Truppenübungsplatz auseinanderzusetzen hatten, sollen an dieser Stelle beispiel-
gebend für weitere Besprechungen die zahlreichen Anwesenden aufgelistet
werden: Neben jeweils zwei Vertretern vom Reichsarbeitsministerium und
von der Reichsschatzverwaltung kam Ministerialsekretär Arnold Ossig[137]
als Leiter der Vermittlungsstelle im preußischen Ministerium für Landwirtschaft, Domänen und Forsten eigens aus Berlin angereist – und nicht zum
letzten Mal, wie festgehalten werden darf. Vertreten waren des Weiteren
der Arbeitsausschuss Lockstedter Lager, die Landwirtschaftskammer, der
Kreis Steinburg, das Preußische Konsistorium, die Regierungsabteilung für

135 Siehe dazu Kriegsgeschichtliche Forschungsanstalt des Heeres
    (Hrsg.): Darstellungen aus den Nachkriegskämpfen deutscher Truppen und Frei-
    korps, Bd. 6: Die Wirren in der Reichshauptstadt und im nördlichen Deutschland
    1918–1920, Berlin 1940, S. 165–167. – Speziell zu Kiel sei auch verwiesen auf
    Kuhl, Klaus: Abzug des Bataillons Claassen/Detachement Kiel (Brigade Loe-
    wenfeld) nach dem Kapp-Putsch in Kiel 1920, in: Zeitschrift der Gesellschaft
    für Schleswig-Holsteinische Geschichte 146 (2021), S. 241–256 (zum Truppen-
    übungsplatz Lockstedt, mit unscharfer Karte Schleswig-Holsteins, S. 246 f.),
    sowie Trutschel, Christian: In Kiel dauerten die Kämpfe am längsten, in: Kieler
    Nachrichten (12.03.2020), S. 32.
136 LASH, Abt. 320.18, Nr. 3848, Bl. 50–53: Protokoll des Kulturamtes Heide,
    Lockstedter Lager, 04.11.1921.
137 Siehe zu diesem auch die Personalakte im BArch, Abt. R 3601: Reichsministe-
    rium für Ernährung und Landwirtschaft (1902–1945), Nr. 5253: Arnold Ossig
    (1911–1944).

Schul- und Kirchenwesen, die Synodalausschüsse der Propsteien Münster-
dorf und Rantzau, die Kirchenvorstände der Kirchspiele Hohenaspe, Itzehoe und Kellinghusen, das Schulvisitatorium, der Gesamtschulverband
Lockstedter Lager/Winseldorf, der Armenverband Lockstedter Lager, die
Forstgutsbezirke Drage und Lockstedter Lager, die Ämter Hohenaspe, Lockstedter Lager, Oelixdorf und Reher sowie die Gemeinden Drage, Hohenaspe,
Lockstedt, Lohbarbek, Mühlenbarbek, Öschebüttel, Ottenbüttel, Peissen,
Poyenberg, Rosdorf, Schlotfeld, Silzen und Winseldorf.[138] Mit Blick auf die
vorstehende Übersicht mag es nicht verwundern, dass einige Entscheidungen
betreffend RS 61 Zeit in Anspruch nehmen konnten. Neben der Konkretisie-
rung eines Siedlungsvertrages bildeten etwa die in unregelmäßigen Abständen durchgeführten Besichtigungen, bei denen die Bautätigkeit und die
Bodenbearbeitung überprüft und dokumentiert wurden, ein Kernelement.

Im Jahre 1922 wurden die ersten auf dem Gebiet des ehemaligen Dorfes
Ridders errichteten Rentengüter fertiggestellt und den Siedlern übergeben.
Der ursprüngliche Einteilungsplan erfuhr 1923 eine Überarbeitung, weshalb
die versammelten Personen in der Sitzung vom 6. Dezember nicht mehr von
180, sondern nur noch von 118 Häusern sprachen. Die Hyperinflation mit
ihren gravierenden Folgen für die Landwirtschaft[139] wirkte sich auch auf
das Siedlungsprojekt und hier besonders auf die Qualität der größtenteils
bis 1924 zum Abschluss gekommenen Bauten aus. Mit den Dorfschaften
Hungriger Wolf-Bücken,[140] Ridders (mit Hohenfierth)[141] und Springhoe[142]

---

138 Siehe zur besseren Übersicht die Karte bei NAGEL: Beitrag zur Siedelungskunde,
     zw. S. 424 u. 425.
139 Mit Bezug auf die 1920 eingerichtete Buchstelle meinte BROSZEIT, Otto: 10 Jahre
     Buchführungs- und Steuerberatungsstelle der Landwirtschaftskammer, in: Land-
     wirtschaftliches Wochenblatt für Schleswig-Holstein 80 (1930), Nr. 5, S. 96–99,
     hier S. 97, dass zahlreiche Landwirte seinerzeit „verzweifelt die Flinte ins Korn"
     geworfen hätten. Krisenerscheinungen waren zumindest allenthalben sichtbar.
140 Die Bezeichnung Bücken geht auf das ehemalige Gut gleichen Namens zurück
     (GLISMANN: Hohenlockstedt, S. 197). – Während sich die beiden Ortsteile Hung-
     riger Wolf und Bücken zu eigenständigen Dorfschaften entwickelten, mag jedoch
     etwa die (1938 begründete) Freiwillige Feuerwehr „Hungriger Wolf-Bücken" als
     Beispiel für den engeren Zusammenschluss angeführt werden.
141 Das Waldgebiet gehört historisch gesehen zu Ridders (VON SCHRÖDER/BIER-
     NATZKI: Topographie, Bd. 2, S. 353). – Seit 1990 besteht die Freiwillige Feuer-
     wehr „Springhoe-Hohenfiert", die nunmehr eine engere Bindung zwischen diesen
     beiden Ortsteilen und zugleich eine Loslösung von Ridders aufzeigen kann.
142 Der Name Springhoe geht auf das in der Nachbargemeinde Lockstedt befindliche
     Gut zurück, für dessen Geschichte verwiesen sei auf DAMMANN, Elke: Das Gut
     Springhoe, in: Steinburger Jahrbuch 29 (1985), S. 128–132.

entstanden Einheiten,[143] die für den Etablierungsprozess der Rentengutssache von hoher Bedeutung waren. Die Siedler nahmen sich allerdings zunehmend nicht nur in ihren Gruppen, sondern auch als eine gesamte Einheit
wahr, die sich in verschiedenen Versammlungen äußerte.

Als die Bautätigkeit fast gänzlich abgeschlossen war und auch die Ödlandkultivierung immer größere Fortschritte machte, wurden am 1. Januar 1925
die Ländereien an die Siedler übergeben. Im gleichen Jahr regelte der offi-
zielle Ansiedlungsbescheid die öffentlich-rechtlichen Verhältnisse.[144] So ging
es beispielsweise um das zu gewährleistende Schulwesen. Zu diesem Zweck
wurde in Ridders, das generell eine auf die Geschichte des Ortes zurück-
zuführende Sonderrolle innerhalb der Siedlung einnahm, ein eigenes Schul-
gebäude errichtet, während die Kinder aus Hungriger Wolf-Bücken und
Springhoe in einer Mannschaftsbaracke im Lockstedter Lager Unterricht
erhielten. Die unterschiedlichen Gutachten bescheinigten dem Siedlungsprojekt – bei allen wirtschaftlichen Herausforderungen, die nicht verschwiegen
wurden – insgesamt doch überwiegend gute Fortschritte.

Auf politischer und verwaltungstechnischer Ebene gab es immer häufiger
die Bestrebungen, die seit Beginn des Jahrhunderts zum selbstständigen Gutsbezirk zusammengefassten Einzelgebiete in Landgemeinden zu überführen.
Bei Ridders stellte sich nach Meinung der Verantwortlichen gar nicht erst
die Frage, wie die Zukunft aussehen solle. Anknüpfend an die Zeit, als das
Dorf noch wie die umliegenden holsteinischen Dörfer ruhig und beschaulich
ein eigenes Dasein führte, hätte man den Ort wiederbegründen wollen. Bei
Hungriger Wolf-Bücken und Springhoe sah dies hingegen ganz anders aus.
Beide Siedlungen seien als Zwerggemeinden wirtschaftlich nicht lebensfähig
gewesen, weshalb diese Absicht zügig verworfen und über andere Pläne diskutiert wurde. In einem größeren Komplex – dann auch mit Ridders sowie
dem Lockstedter Lager, das kein Restgutsbezirk bleiben sollte – ersahen die
Amtsträger die steuerlich zum Vorteil gereichende Lösung, um den Beschluss
zu fassen, den bisherigen Gutsbezirk in eine Landgemeinde – Lockstedter
Lager – umzuwandeln, was 1927 geschah.[145]

---

143 Die drei Dorfschaften sind auf einer Karte des Regierungsoberlandmessers Schnei-
     der vom 10. März 1923 im Maßstab 1:10.000 zu finden (Beilage zu LASH, Abt.
     320.18, Nr. 3851). – Ursprünglich war angedacht, die drei Orte vom „Lager"
     zu trennen und drei eigenständige Landgemeinden zu schaffen, wovon allerdings
     primär aus wirtschaftlichen Gründen Abstand genommen wurde.
144 Der Ansiedlungsbescheid mit Beschluss vom 4. Dezember 1925 liegt in Abschrift
     dem Rentengutsrezess von 1930 bei: LASH, Abt. 355.20, Nr. 2103, Bl. 509–513
     (Anlage 1 u. 2). – Siehe generell zur Ansiedlung sowie zur Ansiedlungsgenehmi-
     gung Ponfick: Siedlung in Stichwörtern, S. 97–99.
145 LASH, Abt. 320.18, Nr. 3847, Beschluss zur Bildung der Landgemeinde
     Lockstedter Lager, 1927. – Im Jahre 1928 wurden auch die fünf verbliebenen

Gleichermaßen begann die erste Sanierungsphase, da sich vielfach gezeigt hatte, dass die während der Inflationszeit errichteten Rentengüter erhebliche Mängel aufwiesen, wie die Siedler anschaulich und nicht ohne Wut auf die Siedlungsdirektion, das Kulturamt, die Vermittlungsstelle und das Reichsarbeitsministerium 1928 vermeldeten. Protest gehörte als wiederkehrendes oder besser kontinuierliches Element zu RS 61 dazu; die Rentengutsbesitzer scheuten in diesem Zusammenhang auch nicht davor zurück, sich an die höchsten zuständigen Stellen zu wenden, um auf die Probleme aufmerksam zu machen. Mit dem „Siedlerbund Lockstedter Lager" und dem „Versuchsring Lockstedter Lager" bildeten sich als wirksam erdachte Maßnahmen in der Absicht, die verwaltungstechnischen und die landwirtschaftlichen Erfolge zu verbessern.

Den herbeigesehnten Abschluss des Rentengutsverfahrens, das letztlich 121 Einheiten umfasste[146] und in seiner Größe verglichen mit anderen Siedlungsunternehmen in Schleswig-Holstein beachtlich war, fand das langwierige Projekt im Grunde mit der Unterzeichnung durch die Siedler am 7., 8. und 9. November 1929.[147] Nach entsprechender Genehmigung auf der höchsten Ebene durch den Reichsarbeitsminister sowie den Reichsfinanzminister beendete Landeskulturamtspräsident Pagenkopf im Dezember 1930 – und somit noch einmal mehr als ein Jahr nach den Siedlern – die

---

Steinburger Gutsbezirke (Breitenburg, Drage, Heiligenstedten, Krummendiek, Rostorf) aufgelöst: LASH, Abt. 301, Nr. 5067: Auflösung der Gutsbezirke im Kreis Steinburg (1928). – THOMSEN, Wolfgang: Die Auflösung der Gutsbezirke im Jahre 1928, in: Steinburger Jahrbuch 29 (1985), S. 112 f. – In noch viel größerem Umfange gilt dies auch für Ostholstein: OCKER, Jan: Güter, Gemarkungen und Getreide. Die Geschichte der Landwirtschaft in Ostholstein vom Mittelalter bis heute, in: AUGE, Oliver/SCHARRENBERG, Anke (Hrsg.): Besonderes (aus) Ostholstein. Beiträge zur Geschichte der Region. Anlässlich des 50-jährigen Jubiläums des Kreises Ostholstein (Eutiner Forschungen, Sonderbd.), Husum 2020, S. 83–104, hier S. 94.

146 BOYENS: Bedeutung und Stand, S. 57, nennt die Zahl von 118 Rentengütern, während der Rentengutsrezess von 1930 insgesamt 121 Stellen verzeichnet: Zwei Rentengüter der „Rentengutssache Mühlenbarbek" (RS 133) sowie ein Rentengut der „Rentengutssache Peissener Pohl" (RS 135) wurden offiziell zu RS 61 gezählt, wodurch sich wiederum erklärt, warum die drei Rentengüter zwar eine laufende, aber keine Rentenguts-Nummer gemäß RS 61 besitzen. – Siehe für RS 133 deshalb LASH, Abt. 305, Nr. 6244: Rentengutssache Mühlenbarbek (1924–1937), und für RS 135 wiederum LASH, Abt. 305, Nr. 6245: Rentengutssache Peissener Pohl (1924–1932). – Verwiesen sei insgesamt auch auf LASH, Abt. 305, Nr. 6233, Bl. 70–77: Rahmenplan für die Sanierung der Siedlung Lockstedter Lager, 1935, hier Bl. 70 f.

147 Die Originalunterschriften finden sich im LASH, Abt. 305, Nr. 6237, Bl. 574–593.

„Rentengutssache Lockstedter Lager" mit seiner Unterschrift und dem Dienstsiegel: „Vorstehender Schlußrezeß wird hiermit ausgefertigt. | Schleswig, den 5. Dezember 1930. | Der Landeskulturamtspräsident | [L. S.] Pagenkopf".[148]

II.3.3. Akteure

Ohne die zahlreichen Protagonisten – und wenigen Protagonistinnen, wenn zumindest an die Siedlerfrauen zu denken ist – wäre RS 61 überhaupt nicht vorstellbar. In der Dekade von 1920 bis 1930 waren unterschiedliche Personen des politischen Verwaltungsapparates von der Reichs- bis zur Kreisebene sowie die Siedlungsdirektoren und insbesondere die Siedler selbst an dem Kultivierungsprojekt beteiligt. Bis 1929 blieb das Deutsche Reich Eigentümer des Geländes, ehe mit Unterzeichnung des Schlussrezesses die Rentengutsbesitzer in den vollständigen Besitz der Rentengüter, also der Gebäude und Felder, gelangten und jeglichen Anspruch beziehungsweise jegliches Beschwerderecht gegenüber der Reichsinstanz verloren. Mag das in Holstein gelegene Siedlungsareal vom Berliner Regierungssitz aus betrachtet vielleicht als peripher erscheinen, lässt sich diese Vorstellung mit Blick auf die Korrespondenz und das Engagement in inhaltlicher Sicht keineswegs aufrechterhalten. Das Interesse an RS 61 war nicht nur in Steinburg und in Schleswig-Holstein, sondern zweifelsohne auch in Berlin gegeben.

Im Nachfolgenden sollen die beteiligten Akteure des Reiches, des Freistaates Preußen, der Provinz Schleswig-Holstein und des Kreises Steinburg sowie im Weiteren die Siedlungsdirektion und vor allem die Siedler beleuchtet werden. Nahmen im Jahre 1920 die „Baltikumer" ihre Arbeit auf der Lockstedter Heide auf, kam mit den „Optanten" eine zweite Gruppe hinzu – auf die Soldatensiedlung folgte somit die Flüchtlingssiedlung. RS 61 erhielt dann wiederum eine neue Prägung, als sich ab 1924 in größerem Maße Rentengutswechsel vollzogen und auf diese Weise vermehrt Landwirte aus der direkten oder ferneren Umgebung eine Siedlerstelle übernahmen. Denn viele Soldaten hatten erkennen müssen, dass sie für den bäuerlichen Beruf

---

148 LASH, Abt. 355.20, Nr. 2103, Bl. 519. – Fortan war die 1928 begründete Preußische Landesrentenbank (heute Teil der DSL-Bank) für die Siedlung zuständig: O. N.: Uebernahme des Siedlungswerkes Lockstedter Lager durch die Landesrentenbank, in: Itzehoer Nachrichten (12.10.1929), o. S. – Siehe auch HAACK, Richard/VON HEUSINGER, Adolf: Die Finanzierung der ländlichen Siedlung in Preußen. Kommentar zur Preußischen Landesrentenbank-, Rentenguts- und Anerbenguts-Gesetzgebung, Berlin 1929. – KRAUSE, Max: Die Finanzierung der landwirtschaftlichen Siedlung, in: PREUSSISCHES MINISTERIUM FÜR LANDWIRTSCHAFT, DOMÄNEN UND FORSTEN (Hrsg.): Die deutsche ländliche Siedlung. Formen, Aufgaben, Ziele, Berlin ²1931, S. 40–50.

aufgrund der fehlenden Ausbildung nicht geeignet waren, wobei in diesem Zusammenhang nochmals auf Kuhlmann und das wichtige Kriterium der fachlichen Befähigung zu verweisen ist.[149] Ohne das notwendige Vorwissen war es deutlich schwieriger, seinen Betrieb erfolgreich zu bewirtschaften; allerdings zeigen einige Fälle eben auch, dass es bei entsprechendem Einsatzwillen durchaus möglich sein konnte.

II.3.3.1. Deutsches Reich: Reichsarbeitsministerium

Im März 1920 überantwortete das Reichswehrministerium dem Reichsschatzministerium den Truppenübungsplatz Lockstedt zur weiteren Verwendung beziehungsweise zur „Verwertung", wie es im entsprechenden Dokument heißt.[150] Aufgrund der Ereignisse rund um den Kapp-Lüttwitz-Putsch entstand sodann die Idee, das Militärgelände für die Ansiedlung ehemaliger Freikorpskämpfer zu verwenden, was bedeutete, dass nunmehr das Reichsarbeitsministerium für die im Besitz des Deutschen Reiches stehenden Flächen zuständig war und dies auch bis Ende 1929 blieb. Das Vorhaben, bei dem der Reichsarbeitsminister die Angelegenheit zumeist nur aus der Ferne begleitete,[151] Personen wie etwa Hans Ponfick als Vortragender Rat im Ministerium allerdings umso intensiver an konkreten Plänen mitwirkten,[152] verfolgte durchaus hehre Absichten, die stets mit dem Reichsfinanzministerium abgestimmt werden mussten. Trotz der Bemühungen aus Berlin, das Siedlungsprojekt in der preußischen Provinz Schleswig-Holstein durchzuführen, waren sich die Verantwortlichen mit Blick auf die Soldaten und deren Motivation, erst „durch Arbeit zur Siedlung" zu gelangen,[153] einer

---

149 KUHLMANN: Landwirtschaftliche Standorttheorie, S. 315–326.

150 LASH, Abt. 320.18, Nr. 2073, Landesfinanzamt/Reichsvermögensverwaltung an die Kommandantur des Truppenübungsplatzes Lockstedt, Kiel, 21.05.1920.

151 Siehe zur Rolle des Reichsarbeitsministers PONFICK: Siedlung in Stichwörtern, S. 143 f. – Der Schlussrezess ist am 21. Dezember 1929 auch nur im Auftrag und nicht persönlich vom Reichsarbeitsminister unterzeichnet worden.

152 Siehe zu Hans Ponfick und seinem Werdegang LUTTENBERGER, Julia A.: Verwaltung für den Sozialstaat – Sozialstaat durch Verwaltung? Die Arbeits- und Sozialverwaltung als politisches Problemlösungsinstrument in der Weimarer Republik (Studien zur Geschichte der Weimarer Republik, Bd. 5), Berlin/Münster 2013, S. 340.

153 Dass die Siedler an der Urbarmachung der Ländereien maßgeblich mitzuwirken hatten, wurde vielfach positiv bewertet: LENT, Walter: Die ländlichen Siedlungsgenossenschaften, ihre Entwicklung und ihre Probleme (Veröffentlichungen des Seminars für Genossenschaftswesen und Handelskunde der Landwirtschaftlichen Hochschule zu Berlin, Bd. 9), Berlin 1932, S. 45.

Tatsache mehr als bewusst: „Daß dabei Opfer gebracht werden müssen, liegt auf der Hand."[154]

Eine Soldatensiedlung und noch dazu dieser Größe war auch für das Deutsche Reich und die beteiligten Ministerien eine (finanzielle) Herausforderung, der man sich zu stellen hatte, um die „innere Kolonisation" aktiv mitvoranzutreiben.[155] Die besondere Schwierigkeit lag zudem darin, dass die wichtigen Entscheidungen zwar vom Reichsarbeitsministerium getroffen werden mussten, die Durchführung von RS 61 jedoch beim Freistaat Preußen und den untergeordneten Stellen lag, sodass ein sich entwickelndes Kompetenzgerangel programmiert war.[156] Für die Siedler spielte das Reichsministerium im Übrigen als höchste Beschwerdeinstanz eine Rolle.

II.3.3.2. Freistaat Preußen: Ministerium für Landwirtschaft, Domänen und Forsten

Der aus Königsberg stammende preußische Ministerpräsident Otto Braun begleitete RS 61 nicht nur aus Berlin, sondern kannte das Siedlungsvorhaben von eigenen Visitationen. Da er bis 1921 zudem Minister für Landwirtschaft, Domänen und Forsten war, pflegte Braun als Politiker besondere Beziehungen zur agrarischen Kultivierung. Im Freistaat Preußen stand die Ödlandkultivierung spätestens seit den Rentengutsgesetzen von 1890/91 und verstärkt nach dem Ersten Weltkrieg ganz weit oben auf der Agenda, weshalb die Verantwortlichen bemüht waren, mit dem Deutschen Reich über die Flächen zu verhandeln, die sich bisher weder im Privat- noch im preußischen Besitz befanden. Der weiträumige Truppenübungsplatz gehörte zu ebendiesen Gebieten, über die Verhandlungen angestellt wurden – schließlich mit Erfolg, wenngleich rasch klar war, dass Preußen nicht Eigentümer des Areals werden würde, sondern vielmehr nur eine Position zwischen Reich und Siedlern innehätte.

---

154 BArch, Abt. R 43-I, Nr. 1282, Bd. 2, Bl. 175–190: Arbeitsplan der Vermittlungsstelle im preußischen Ministerium für Landwirtschaft, Domänen und Forsten, Berlin, 12.09.1920, hier Bl. 185.

155 Im Jahre 1926 hatte sich qua Reichsgesetz der Enquete-Ausschuss zur Untersuchung der Erzeugungs- und Absatzbedingungen der deutschen Wirtschaft gebildet, der sich auch mit der landwirtschaftlichen Kultivierung beschäftigte: [LERCH, Rudolf (Hrsg.):] Das ländliche Siedlungswesen nach dem Kriege (Verhandlungen und Berichte des Unterausschusses für Landwirtschaft [II. Unterausschuss], Bd. 10), Berlin 1930.

156 Siehe hierzu beispielsweise o. N.: Auseinandersetzung zwischen Reich und Preußen in der Frage der Siedlung, in: Archiv für Innere Kolonisation 19 (1927), Nr. 1/2, S. 20–39.

Im preußischen Landwirtschaftsministerium wurde für den Besiedlungs-
zweck, bei dem man de facto wichtigstes Gremium war, wenngleich das
Reichsarbeitsministerium dies durchaus anders interpretierte, eigens eine
Vermittlungsstelle eingerichtet, dessen Vorsitz Arnold Ossig übernahm. In
dieser Funktion war die Abteilung Ansprechpartnerin für alle Fragen rund
um die Besiedlung. So legte etwa Heinrich Steiger, der 1925 Landwirtschaftsminister geworden war, im Jahre 1927 die „Tatsachen zur Siedlung
in Preußen" vor.[157] 1930 in erster sowie 1931 in zweiter Auflage gab das
Ministerium zudem das wichtige Werk „Die deutsche ländliche Siedlung"
heraus.[158] Zu Kritik an der Vermittlungsstelle und konkret an ihrem Vorsteher kam es vonseiten der Rentengutsbesitzer wiederholt, sodass ein Siedler
1928 etwa äußerte: „Regierungsrat Ossig hat beim Bau grosse Schwierigkeiten gemacht. Als ich ihn bat, die Bodenkammern auszubauen, hat er mich
dreimal herumgedreht und mich stehenlassen."[159]

II.3.3.3. Provinz Schleswig-Holstein: Landeskulturamt
Schleswig und Kulturamt Heide

In der preußischen Provinz Schleswig-Holstein, die in den 1920er-Jahren
von ihrem Oberpräsidenten Heinrich Kürbis geführt wurde, der mit RS 61
vertraut war, spielte die agrarische Kultivierung eine bedeutende Rolle.[160]
Doch erst im Jahre 1922 konnte, wie bereits geschildert, das Landeskulturamt Schleswig seinen Dienst antreten, da der Sitz der 1919 eingerichteten
Landeskulturbehörde für die beiden Provinzen Hannover und Schleswig-
Holstein zuvor in Hannover gewesen war. Erster Präsident wurde daraufhin

---

157 LASH, Abt. 320.18, Nr. 1126: Errichtung von Rentengütern. Ansiedlung an den
     Landesgrenzen (1892–1935), Tatsachen zur Siedlung in Preußen, 1927.
158 Preussisches Ministerium für Landwirtschaft, Domänen und Forsten
     (Hrsg.): Die deutsche ländliche Siedlung. Formen, Aufgaben, Ziele, Berlin ²1931.
159 LASH, Abt. 320.18, Nr. 3847, Bl. 78–122: Bericht einer vom Landwirtschaftli-
     chen Ausschuss des Kreises Steinburg auf Ersuchen des Siedlerbunds Lockstedter
     Lager an die Landwirtschaftskammer für die Provinz Schleswig-Holstein ernann-
     ten Kommission zur Prüfung der Verhältnisse im Siedlungsgebiet des Lockstedter
     Lagers, 1928, hier Bl. 113 f.
160 Tancré, August: Die Ödlandskultur in Schleswig-Holstein (Bericht über die
     Tätigkeit der Landkulturkommission der Landwirtschaftskammer für die Pro-
     vinz Schleswig-Holstein, Bd. 1), Kiel 1914. – Als Fortsetzung folgte Langhans,
     Paul: Die Förderung der Landkultur in Schleswig-Holstein von 1914 bis 1929
     (Bericht der Landkulturkommission der Landwirtschaftskammer für die Provinz
     Schleswig-Holstein, Bd. 2), Kiel [1930]. – Siehe auch Thiede, Günther: Die
     ländliche Siedlung in Schleswig-Holstein. Überblick über die Siedlungstätigkeit
     von 1892–1950, in: Statistische Mitteilungshefte Schleswig-Holstein 3 (1951),
     Nr. 11, S. 419–424.

Paul Engelkamp,[161] auf den 1929 Julius Pagenkopf folgte; erwähnt werden
sollte der Tätigkeit für das Siedlungsprojekt wegen zudem der stellvertre-
tende Landeskulturamtsvorsteher Willibald Leisterer.[162]

Noch wichtiger als das Landeskulturamt Schleswig war jedoch das
zuständige Kulturamt Heide, wodurch das Rentengutsverfahren zu einer
dithmarsisch-steinburgischen Kooperation avancierte, nachdem die Höfebank als ambitionierte Siedlungsgesellschaft das Ringen um die Projektleitung
infolge der innenpolitischen Veränderungen verloren hatte.[163] Eigentlich war
bereits 1919 vorgesehen, „demnächst" ein Kulturamt Itzehoe aufzubauen;[164]
tatsächlich geschah dies jedoch erst im Jahre 1934.[165] Die Sachverständigen
aus Dithmarschen, bei denen es sich namentlich um den Kulturamtsvor-
steher Seifert, über den trotz seiner Position leider nichts bekannt ist und
von dem im Gegensatz zu den übrigen Beamten auch keine Personalakte
im Schleswig-Holsteinischen Landesarchiv erhalten zu sein scheint, sowie
um den Kulturobersekretär Franz Sobczak handelt,[166] begaben sich häufig
nach Steinburg, um die Fortschritte von RS 61 vor Ort zu dokumentieren
und sich den Fragen der Siedler zu stellen. Das Kulturamt war bei dem Siedlungsprojekt gewissermaßen Management, während die Bauleitung bei der
Siedlungsdirektion lag, die den Direktiven der Behörde aus Heide sowie der
Vermittlungsstelle unterstand.

II.3.3.4. *Kreis Steinburg: Landrat und Kreisausschuss*

Das politische Verwaltungsgeflecht, das sich um RS 61 rankte, wäre unvoll-
ständig, wenn der Steinburger Landrat und der Kreisausschuss an dieser
Stelle keine Erwähnung fänden. Mit Reinhard Pahlke und seinem Nachfol-
ger Konrad Goeppert standen ab 1920 respektive 1923 zwei Männer an der

---

161 Siehe zu diesem auch die Personalakte im LASH, Abt. 301, Nr. 3758: Paul
     Engelkamp (1888–1933).
162 Siehe zu diesem auch die Personalakte im LASH, Abt. 301, Nr. 3762: Willibald
     Leisterer (1902–1933).
163 Für die verschiedenen Akteursgruppen sei verwiesen auf BArch, Abt. R 43-I, Nr.
     1282, Bd. 2, Bl. 135: Verzeichnis der mit der Durchführung des Siedlungswerks
     in den einzelnen Ländern beauftragten Behörden, Berlin, 19.07.1920. – Ebd.: Bl.
     136: Verzeichnis der gemeinnützigen Siedlungsunternehmungen im Sinne des
     § 1 des Reichssiedlungsgesetzes, Berlin, 19.07.1920.
164 LASH, Abt. 320.18, Nr. 1127: Errichtung von Rentengütern (1916–1941), Kul-
     turamt Heide an das Steinburger Landratsamt, Heide, 11.10.1919.
165 GESELLSCHAFT ZUR FÖRDERUNG DER INNEREN KOLONISATION E. V. IN BONN
     (Hrsg.): Landeskulturbehörden, S. 14 f.
166 Siehe zu diesem auch die Personalakte im LASH, Abt. 301, Nr. 3791: Franz
     Sobczak (1906–1933).

Spitze des Kreises, die dem Siedlungsprojekt wohlwollende Aufmerksamkeit schenkten. Bei dem Kultivierungsakt nahmen der Landrat[167] und auch der Kreisausschuss zuvorderst eine Beobachterposition ein, um bei den relevanten Verhandlungen aber durchaus ein gewisses Mitspracherecht zu haben. Wie Hans Ponfick im „Handwörterbuch des Siedlungswesens" ausführt, sei der zuvor mit mehr Kompetenzen ausgestattete Kreisausschuss ab 1923 aber bei der „Erteilung der Ansiedlungsgenehmigung" nunmehr „völlig ausgeschaltet".[168]

Während sich die genaue Rolle für das Siedlungsverfahren als solches somit insgesamt nicht ohne Weiteres definieren lässt und eher ein indirektes Agieren vermutet werden darf, sorgten Landrat und Kreisausschuss in jedem Falle für wichtige Rahmenbedingungen, wenn an die Bildung der Landgemeinde Lockstedter Lager im Jahre 1927 zu denken ist. Der Beschluss war seinerzeit von dem in der Kreisstadt Itzehoe tagenden Gremium genehmigt worden.

II.3.3.5. Siedlungsdirektion Lockstedter Lager

Im Sommer 1920 schuf die Vermittlungsstelle im preußischen Landwirtschaftsministerium den „Arbeitsausschuss der staatlichen Moor- und Oedlandssiedlungen in Schleswig-Holstein", der für die Kolonisation verschiedener Heide- und Moorgebiete zuständig war und zunächst drei Personen umfasste, wobei eine erste die Landwirtschaft, eine zweite die Bautätigkeit und eine dritte die Siedler fokussieren sollte.[169] Mit Fritz Trautmann,[170] dem Bremer Architekten Karl Schwally[171] und Paul Lück[172] waren drei Beamte erwählt worden, die in ihren Bereichen als vielversprechend erachtet wurden. Wenn die Kultivierung des Truppenübungsplatzes Lockstedt anfangs noch ein Projekt unter mehreren war – zu verweisen ist daneben etwa auf das bereits genannte Gebiet in Lentföhrden und die mühsamen Arbeiten im Moor –, so zeigte sich doch zügig, dass der Schwerpunkt fortan auf RS 61 läge. Aus diesem Grunde entwickelte sich der Arbeitsausschuss schrittweise zu einer Siedlungsdirektion weiter, die bald personell aufgestockt werden sollte, um alle verwaltungstechnischen Vorgänge vor Ort händeln zu können.

---

167 PONFICK: Siedlung in Stichwörtern, S. 301 f.
168 Ebd., S. 201.
169 BOYENS: Bedeutung und Stand, S. 54.
170 Otto Johannes Victor Fritz Trautmann: Anhang, Nr. 2: „Rentengutssache Lockstedter Lager" (RS 61): Rentengutsbesitzer (1922–1930), lfd. Nr. 74.
171 SCHÄFER (Hrsg.): 1920 bis 1929, Anhang („Planstellenbesetzung der Siedlungsdirektion im Januar 1921"), o. S., bezeichnet diesen fälschlicherweise als „Kurt".
172 Paul Lück: Anhang, Nr. 2: „Rentengutssache Lockstedter Lager" (RS 61): Rentengutsbesitzer (1922–1930), lfd. Nr. 85.

Dass die Angehörigen der Siedlungsdirektion im Vergleich zu den Siedlern eine privilegierte Stellung besaßen, ist nicht von der Hand zu weisen. Dies berührte einerseits die deutlich bessere Unterbringung und Bezahlung bis zum Bau der Höfe und andererseits die Ländereien: Neben Lück und Trautmann erwarben Kurt Fürstenhaupt,[173] Heinrich Jebsen,[174] Emil Kage,[175] Hans Kemper[176] und Wilhelm Oberblöbaum[177] selbst je eine Hofstelle nebst Ländereien, wobei die vier Anwesen von Kemper, Lück, Oberblöbaum und Trautmann sogar „Doppelkolonate"[178] waren. Während die normale landwirtschaftliche Nutzfläche im Mittel bei 15 bis 20 Hektar pro Gehöft lag, verfügten diese – nach dem Stand von 1929, wie im Schlussrezess ausgewiesen – über knapp 34 bis gut 45 Hektar Land, woraus sich wiederum erheblich mehr Erträge generieren ließen. Ergänzt werden soll der Vollständigkeit halber aber auch noch, dass Kemper sein Rentengut schon 1925 übergab, Trautmann 1926 verstarb, Lück seine Hofstelle 1927 verkaufte und einzig Oberblöbaum den Abschluss von RS 61 miterlebte.

II.3.3.6. Siedler

Die wichtigste Gruppe innerhalb des in der vorliegenden Arbeit betrachteten Siedlungsverfahrens bilden zweifelsohne die Siedler, die allerdings keineswegs als homogenes Gefüge verstanden werden dürfen, wie an dieser Stelle nochmals festgehalten werden muss. Mit Bezug auf die beschriebenen „Krieger-Heimstätten" formulieren die beiden Architekten Johannes und Robert Koppe im Jahre 1917: „Voraussetzungen zur Aufnahme als Siedler sind: Unbescholtenheit, Fleiß, Sparsamkeit, Einfachheit und vor allem

---

173 Kurt Fürstenhaupt: Anhang, Nr. 2: „Rentengutssache Lockstedter Lager" (RS 61): Rentengutsbesitzer (1922–1930), lfd. Nr. 104.
174 Heinrich Jebsen: Anhang, Nr. 2: „Rentengutssache Lockstedter Lager" (RS 61): Rentengutsbesitzer (1922–1930), lfd. Nr. 8.
175 Emil Kage: Anhang, Nr. 2: „Rentengutssache Lockstedter Lager" (RS 61): Rentengutsbesitzer (1922–1930), lfd. Nr. 69.
176 Hans Albrecht Kemper: Anhang, Nr. 2: „Rentengutssache Lockstedter Lager" (RS 61): Rentengutsbesitzer (1922–1930), lfd. Nr. 89. – Über den Nachbesitzer des Rentengutes, Heinrich Dieckmann, lässt sich der 1962 veröffentlichten Chronik von GLISMANN: Hohenlockstedt, S. 186, entnehmen: „Dieckmann wünscht und hofft zusammen mit seiner Frau – der Seele seines Hauses –, daß ihren Nachkommen in vielen Generationen auf diesem Hofe das Glück und der Erfolg beschieden sein möge, wie er auch ihnen beschieden war, und zwar wiederum in der Gemeinde Lockstedter Lager." Tatsächlich existiert die Hofstelle (mit einer Forstbaumschule) bis auf den heutigen Tag.
177 Wilhelm Oberblöbaum: Anhang, Nr. 2: „Rentengutssache Lockstedter Lager" (RS 61): Rentengutsbesitzer (1922–1930), lfd. Nr. 73.
178 GLISMANN: Hohenlockstedt, S. 185.

Lust und Liebe zur Sache. Unentbehrlich ist: Mitarbeit von Frau und Kindern. Wünschenswert sind: Einige Vorkenntnisse im Gärtnerei- oder landwirtschaftlichen Betriebe und der Kleinviehzucht."[179] Diese klare Aussage, die Tugenden und vor allem Einsatzbereitschaft im national-konservativen Sinne fordert, besaß im ausgehenden Kaiserreich wie auch in der Weimarer Republik Gültigkeit. Soldaten – bei den Koppe-Brüdern Kriegsteilnehmer – sollten auf dem Land angesiedelt werden, wie dies exemplarisch sowohl für 1911 (und somit in Friedenszeiten)[180] als auch für 1918 (während des Ersten Weltkrieges)[181] belegt werden kann.

---

179 KOPPE, Johannes/KOPPE, Robert: Ausgeführte und geplante Krieger-Heimstätten. Mit Ratschlägen aus der Praxis, 180 Abbildungen und Plänen, Halle a. d. S. 1917, S. 14. Die beiden Autoren fokussieren hier zudem Kriegsbeschädigte, für die im Speziellen zu verweisen ist auf HARTMANN, Karl E.: Lehrbuch der Kriegsbeschädigten- und Krieger-Hinterbliebenen-Fürsorge mit besonderer Berücksichtigung der neuen sozialpolitischen Maßnahmen der Reichsregierung, Minden 1919. – Siehe als regionales Beispiel auch OCKER, Jan: Die Kieler Kriegsopferfürsorgestelle nach dem Ersten und Zweiten Weltkrieg, in: SCHENK, Britta-Marie (Hrsg.): Im Gefolge des Wohlfahrtsstaates. Kieler Kriegsopferfürsorge im 20. Jahrhundert, Husum 2020, S. 35–46.

180 O. N.: Die Ansiedlung von Militäranwärtern auf dem Lande, in: Zeitung des Bundes Deutscher Militär-Anwärter 17 (1911), Nr. 17, S. 357–364.

181 Siehe BONNE, Georg: Heimstätten für unsere Helden! Ein Mahnruf an alle Vaterlandsfreude, München ³1918, mit der nationalistisch aufgeladenen Kernbotschaft (S. 101): „Wir brauchen Land, viel Land! – Nicht nur für unsere heimkehrenden Sieger, von denen ein großer Teil nicht wieder in die Fabriken zurückkehren wollen wird, um dort vielleicht für den Export in uns halb oder ganz feindselig gesinnte Länder zu arbeiten, Krieger, die draußen im Kriegsfeld wieder zu Bauern geworden sind und nun im Frieden weiter schaffen wollen in Gottes freier Natur als freie Bauern, die nicht wollen, daß ihre Kinder wieder als Proletarier in den Fabriken und Gängevierteln der Städte verkommen, sondern die ihre Kinder, dieses herrliche Geschlecht von Blondköpfen mit blauen Augen, wiederum als freie Bauern auf freier Scholle sehen möchten! Wir brauchen Land! Nicht nur für unsere Kriegsinvaliden, die nichts weiter mehr können, als ein Stück Gartenland bestellen, – sondern auch für die Söhne aller dieser unserer Krieger und unserer Bauern, damit sie weder in die Industrien und in die Städte, noch vor allem in das Ausland abzuwandern brauchen. Wir brauchen endlich Land für die Hunderttausende [sic] von Kolonisten, die bis zum Kriege in den uns jetzt feindlichen Ländern sich eine neue Heimat begründet hatten, in Rußland, England, Frankreich, Kanada, Italien, denen der Haß der Feinde jetzt aber ihre dortigen Heimstätten zerstört und geraubt hat, und die sich selbst nach dem Frieden inmitten von diesen von uns besiegten Völkerschaften nicht mehr heimisch fühlen werden. Allen diesen Stammesgenossen, die vor Zeiten aus Deutschland ausgewandert waren, weil Deutschland ihnen zu eng geworden war, müssen wir in dem neuen, größeren, mit besseren, sicheren Grenzen versehenen Deutschland nach dem Kriege eine neue Heimat bieten. Auch sie sind Krieger und Kriegsinvaliden, die

Bei dem Ansiedlungsgedanken, der letztlich auch einer Landflucht ent-
gegenwirken sollte, übernahm die Frau eine nicht unwesentliche Rolle; das
vorstehende Zitat bildet deshalb keine Ausnahme, wie möglicherweise vermutet werden könnte. Wer Rentengutsbesitzer auf dem ehemaligen Truppenübungsplatz Lockstedt werden wollte, besaß, ohne zumindest verlobt zu
sein, keine reelle Chance, da die Hofstellen als Familienwohnsitze gedacht
waren und Personen vorbehalten sein sollten, die langfristig standorttreu
blieben. Ohne eine Ehefrau, die der Siedler entweder bereits hatte und die
diesem in der Hoffnung auf eine neue Bleibe nach Holstein gefolgt war
oder aber die er in einem der umliegenden Dörfer fand, war der Erwerb
eines Rentengutes schlichtweg ausgeschlossen; doch auch mit Ehefrau war
die Zukunft auf dem eigenen Hof keineswegs gesichert.[182] Pointierter (und
pathetischer) als mit Hans Ponficks Worten lässt sich die damalige Situation
wohl kaum darstellen: „Vom Siedler selbst verlangt die Siedlung Außeror-
dentliches, körperlich und geistig; von der Siedlerfrau darüber hinaus Seeli-
sches; ohne innerlich, seelisch, bodenständige Frau keine Siedlung."[183]
Nachstehend sollen insbesondere und in einem ersten Schritt die Soldatensiedler („Baltikumer") sowie daran anschließend die Flüchtlingssiedler
(„Optanten") beleuchtet werden. Neben den aus der Siedlungsdirektion
stammenden Siedlern, auf die kurz eingegangen wurde, gab es unter den
restlichen Rentengutsbesitzern etwa noch einige wenige Angehörige der
Reichswehr sowie auch den Zentral-Fischerei-Verein für Schleswig-Holstein
e. V.,[184] die im Rahmen dieser Arbeit allerdings jeweils nicht näher betrachtet
werden.

---

für ihr Deutschtum gelitten und geblutet haben." – Siehe in diesem sprachlichen
Duktus für den politischen Fortgang etwa auch GRAF ZU REVENTLOW, Ernst: Der
Weg zum neuen Deutschland. Ein Beitrag zum Wiederaufstieg des deutschen
Volkes, Essen 1931.

182 BOYENS: Bedeutung und Stand, S. 57, der mit Bezug auf die Fluktuation zu dem
Ergebnis gelangt: „Wo sich aber auch die Frau an die ländlichen Verhältnisse
gewöhnt hat, und den Siedler in engere Fühlung zur einheimischen Bevölkerung
brachte, haben sie sich zumeist gehalten."

183 PONFICK: Siedlung in Stichwörtern, S. 3.

184 Zentral-Fischerei-Verein für Schleswig-Holstein e. V.: Anhang, Nr. 2: „Renten-
gutssache Lockstedter Lager" (RS 61): Rentengutsbesitzer (1922–1930), lfd.
Nr. 115. – Im Jahre 1931 verkaufte der Verein die Teichanlagen an Johannes
Knutzen: LASH, Abt. 320.18, Nr. 1127, Kulturamt Heide an das Steinburger
Landratsamt, Heide, 10.09.1930: „Der Übergang des Rentengutes von dem
Fischerei-Verein auf Knutzen liegt im Siedlungsinteresse."

II.3.3.6.1. Soldatensiedler: „Baltikumer"

Am 1. Juni 1920 erschien im „Nordischen Kurier" ein kleiner und unscheinbarer Artikel, dessen Überschrift – „Ehrhardtleute im Lockstedter Lager" – allerdings Zündstoff bot und am Anfang eines großen Umwälzungsprozesses stand:

> „Wie wir hören, sind einige Hundert Mann Ehrhardttruppen im Lockstedter Lager eingetroffen. Die genaue Zahl weiß die Kommandantur nicht anzugeben. Die Leute sind nach Mitteilung derselben Stelle ohne Waffen und Ausrüstung und sollen zur Arbeit in den Mooren verwendet werden. Nach anderen Meldungen sollen die Leute jedoch bewaffnet sein. Sie trafen zur Hauptsache Sonnabend ein. Es werden über 1.000 Mann erwartet."[185]

Welche Assoziationen oder besser Ängste die heute etwas ominös anmutenden „Ehrhardtleute" seinerzeit auslösten, ergibt sich mittelbar aus der Reaktion, die von der Kommandantur des Truppenübungsplatzes Lockstedt stammt. In dem Schreiben vom 2. Juni wendet sich Generalmajor Friedrich von Rogister in seiner Funktion als Kommandant des Militärgeländes an den Amtsanwalt Behrens in Itzehoe mit der Bitte, die Zeitung anzuzeigen „wegen der Beleidigungen, die zu widerrufen sind".[186] Konkret geht es – mit Verweis auf die Berichterstattung zuvor – um die genannte Zahl („1.000 Mann"), die „erfunden und geeignet [sei], die Bevölkerung schädlich zu erregen". Wie der Fall schließlich ausging, ist nicht überliefert, doch führt er klar vor Augen, welche Herausforderungen mit der künftigen Soldatensiedlung verbunden waren.[187]

Anfang März 1920 schien es noch recht sicher, dass die Schleswig-Holsteinische Höfebank als Siedlungsgesellschaft das Areal übernehmen könne und kultivieren werde. Doch mit dem Kapp-Lüttwitz-Putsch änderte sich dies schlagartig: Intensive Gespräche zwischen dem Deutschen Reich und dem Freistaat Preußen, genauer zwischen dem Reichsarbeitsministerium und dem preußischen Ministerium für Landwirtschaft, Domänen und Forsten, führten dazu, Pläne über den Verbleib der als hochgradig die junge Demokratie gefährdenden Freikorpsangehörigen anzustellen – mit dem bekannten Resultat, diese „durch Arbeit zur Siedlung" und somit auf einen rechten

185 O. N.: Ehrhardtleute im Lockstedter Lager, in: Nordischer Kurier (01.06.1920), o. S.
186 LASH, Abt. 320.18, Nr. 2071: Truppenübungsplatz Lockstedter Lager (1911–1921), Kommandantur des Truppenübungsplatzes Lockstedt an den Amtsanwalt Behrens, Lockstedter Lager, 02.06.1920 (dort findet sich auch das nachstehende Zitat).
187 Siehe zur Soldatensiedlung allgemein BOYENS: Geschichte der ländlichen Siedlung, Bd. 1, S. 114–122.

Pfad bringen zu wollen. Weitere Unterredungen mit der Höfebank wurden deshalb „zunächst eingestellt".[188] Und auch Generalmajor von Rogister musste seine Hoffnung, „Leiter der Behörde" bei der „Militär-Siedlung" zu werden, begraben, da er bereits korrekterweise informiert war, dass „Zivilbehörden" die Kultivierung durchführen würden.[189] Von der Vermittlungsstelle im Landwirtschaftsministerium, von der die Kommandantur übrigens schon am 22. Mai via Telegramm übermittelt bekommen hatte, dass in Bälde „Arbeitsgemeinschaften Heeresentlassener der 2. Marinebrigade in Stärke von annehmend tausend Mann mit hundertfünfzig Pferden und Geräten" ankämen,[190] war es schließlich zur Landeskulturbehörde Hannover und zum Kulturamt Heide kein allzu weiter Weg mehr.

Um die Furcht vor der Marine-Brigade „Ehrhardt",[191] den Mythos um die „Baltikumer"[192] und somit auch den Ausgangspunkt der Siedlung begreifen zu können, ist ein kurzer Blick auf die Vorgeschichte nötig: Die auf dem Truppenübungsplatz ankommenden Soldaten gehörten zuletzt dem „3. Bataillon des 4. Marine-Regiments der Marine-Brigade Ehrhardt" an, entstammten aber eigentlich – und dies ist entscheidender – dem „3. Kurländischen Infanterie-Regiment der Eisernen-Division", wobei es sich um ein berüchtigtes Freikorps, also einen paramilitärischen Verband, handelte, dem sich die Mitglieder freiwillig angeschlossen hatten, um nach dem Ersten Weltkrieg im Baltikum – in Kurland beziehungsweise Lettland – weiterzukämpfen.[193] Eine eindrucksvolle und zugleich sowohl im Bezug auf den Sprachduktus als auch

---

188 LASH, Abt. 320.18, Nr. 2073, Landesfinanzamt/Reichsvermögensverwaltung an die Kommandantur des Truppenübungsplatzes Lockstedt, Kiel, 21.05.1920.

189 Ebd., Kommandantur des Truppenübungsplatzes Lockstedt an das Steinburger Landratsamt, Lockstedter Lager, 23.05.1920.

190 Ebd., Vermittlungsstelle im preußischen Ministerium für Landwirtschaft, Domänen und Forsten an die Kommandantur des Truppenübungsplatzes Lockstedt, Berlin, 22.05.1920. – Die Kommandantur sandte die Information wiederum am folgenden Tag „zur Kenntnis" an den Steinburger Landrat nach Itzehoe weiter.

191 Siehe für die Marine-Brigade „Ehrhardt" die ältere, aber noch immer maßgebliche Arbeit von KRÜGER, Gabriele: Die Brigade Ehrhardt (Hamburger Beiträge zur Zeitgeschichte, Bd. 7), Hamburg 1971.

192 SAUER, Bernhard: Vom „Mythos eines ewigen Soldatentums". Der Feldzug deutscher Freikorps im Baltikum im Jahre 1919, in: Zeitschrift für Geschichtswissenschaft 43 (1995), Nr. 10, S. 869–902.

193 LASH, Abt. 320.18, Nr. 2073, SSV „Holstein" an das schleswig-holsteinische Oberpräsidium, Lockstedter Lager, 26.07.1920. – Nach dem Einsatz im Baltikum beteiligten sich die Angehörigen im Frühjahr 1920 bei den Kämpfen im Berliner Umland: KRIEGSGESCHICHTLICHE FORSCHUNGSANSTALT DES HEERES (Hrsg.): Darstellungen aus den Nachkriegskämpfen, Bd. 6, S. 148–151.

auf das inhaltliche Gedankengut erschütternde Schilderung gibt der in der „Ostmark" geborene Siedler Alfred Matthes,[194] der rückblickend schrieb:

„Nachher türmten sich im Osten neue schwere Wolken auf; es war der Bolschewismus, der siegreich nach Westen vordringen wollte. Es wurden Truppen angefordert, um ihn zu bekämpfen. Die Regierung in Lettland setzte sich mit der deutschen Regierung in Verbindung, um dort zu kämpfen. Uns wurde damals eine Siedelung in Kurland versprochen und zwar sollte im Durchschnitt auf je Siedelung 80 Morgen entfallen. Wir kämpften in Lettland sehr schwer und haben viele Kameraden verloren. Dann mussten wir den Rückmarsch antreten, weil England sich in die Sache hineinmischte und die lettländische deutschfreundliche Regierung gestürzt wurde und eine deutschfeindliche ans Ruder kam. Was fernerhin aus uns werden sollte, wussten wir nicht. Vorläufig setzten Kämpfe in Berlin ein, bei der [sic] wir auch starke Verluste erlitten. Wir kamen alsdann nach dem Munsterlager und nachher hierher."[195]

In Holstein sollte nun das verkündete Siedlungsversprechen, mit dem zahlreiche junge Männer ins Baltikum in den „Kampf gegen den Bolschewismus"[196] gelockt worden waren,[197] im Sinne der „inneren Kolonisation" eingelöst werden, um die zumeist aus kapitalschwachen Personen[198] bestehenden „aufgelösten Truppenteile nicht den staatszerstörenden Elementen zu überantworten".[199] Somit handelte es sich folglich um eine Sozialmaßnahme, die alleine dadurch zum Ausdruck kam, dass eben das Reichsarbeitsministerium für das Siedlungsprojekt verantwortlich zeichnete. Der

---

194 Alfred Matthes: Anhang, Nr. 2: „Rentengutssache Lockstedter Lager" (RS 61): Rentengutsbesitzer (1922–1930), lfd. Nr. 66. – Siehe auch MÖLLER: Küstenregion, S. 605.

195 LASH, Abt. 320.18, Nr. 3847, Bl. 78–122: Bericht einer vom Landwirtschaftlichen Ausschuss des Kreises Steinburg auf Ersuchen des Siedlerbunds Lockstedter Lager an die Landwirtschaftskammer für die Provinz Schleswig-Holstein ernannten Kommission zur Prüfung der Verhältnisse im Siedlungsgebiet des Lockstedter Lagers, 1928, hier Bl. 101.

196 FÜRST AWALOFF: Im Kampf gegen den Bolschewismus. Erinnerungen, Glückstadt/Hamburg 1925. Der Autor war „Oberbefehlshaber der deutsch-russischen Westarmee im Baltikum".

197 Die Neusiedlungen sollten an bereits ausgeführte Projekte anknüpfen: HOLTZ, Ernst D.: Deutsche Siedlung im Baltenland (Schriften zur Förderung der inneren Kolonisation, Bd. 31), Berlin 1920.

198 VON SCHMIDT-PAULI: Geschichte der Freikorps, S. 171: „Demobilmachung! Aber nicht einmal in wirtschaftlicher Hinsicht konnte für die Freikorpskämpfer gesorgt werden. [...] So mußten die Führer selbst für ihre Offiziere und Mannschaften zu sorgen versuchen."

199 LASH, Abt. 301, Nr. 1935: Soldatensiedlung Lockstedter Lager (1920–1925), Preußisches Ministerium für Landwirtschaft, Domänen und Forsten an das schleswig-holsteinische Oberpräsidium, Berlin, 16.08.1920.

erhaltene Schriftwechsel, der hier nur kurz angeschnitten werden kann, belegt die zwischen den beteiligten Instanzen geführten Diskussionen um die im Entstehen begriffene Soldatensiedlung. Dabei ging es etwa um die Zahl der Siedler, die am 12. August mit „200–250"[200] angegeben und später deutlich herabgesetzt wurde, um Besuche aus Berlin[201] und stets auch um finanzielle Aspekte,[202] die sich zu einem Streitpunkt entwickelten. Erwähnenswert sind darüber hinaus beispielsweise die „Niederschrift" und der „Arbeitsplan der Vermittlungsstelle" vom 2. beziehungsweise 12. September[203] sowie die größeren Besprechungen in der Reichskanzlei in Berlin vom 20. September[204] und 8. Oktober 1920.[205]

Während in der Reichshauptstadt fortwährend Gespräche geführt wurden, begannen die Siedler auf dem Truppenübungsplatz mit der Urbarmachung des militärischen Geländes. Die Bevölkerung sah sich spätestens im September 1920 in ihrer anfänglichen Meinung bestätigt, dass es sich um wenig friedliebende Personen handele, als es wiederholt zu Waffenfunden bei den ehemaligen Freikorpskämpfern kam.[206] Dass die Berichterstattung jedoch nicht in allen Punkten Recht hatte und sogar vielleicht bewusst Ängste schürte, darf keinesfalls ausgeblendet werden. Und dass die Reichswehr auf dem ihr verbliebenen Gelände im Dezember 1920 Schießübungen durchführte, die zwangsläufig als Provokation gegenüber den Siedlern, der

---

200 Ebd., Vermerk des Kulturamtes Heide, Lockstedter Lager, 12.08.1920.

201 Ebd., Preußisches Ministerium für Landwirtschaft, Domänen und Forsten an das schleswig-holsteinische Oberpräsidium, Berlin, 28.08.1920. – In dem Telegramm kündigt Landwirtschaftsminister Braun seinen Besuch in Steinburg für „dienstag den einundreissigsten und dje. folgenden tage" an.

202 BArch, Abt. R 43-I, Nr. 1282, Bd. 2, Bl. 159: Preußisches Ministerium für Landwirtschaft, Domänen und Forsten an das Reichsfinanzministerium, Berlin, 18.09.1920. – Landwirtschaftsminister Otto Braun stellt darin die konkrete Frage, ob die „berechneten weiteren 20 Millionen Mark aus Reichsmitteln für diesen Zweck zur Verfügung gestellt werden können".

203 Ebd., Bl. 160–174: Niederschrift der Vermittlungsstelle im preußischen Ministerium für Landwirtschaft, Domänen und Forsten, Lockstedter Lager, 02.09.1920. – Ebd., Bl. 175–190: Arbeitsplan der Vermittlungsstelle im preußischen Ministerium für Landwirtschaft, Domänen und Forsten, Berlin, 12.09.1920.

204 Ebd., Bl. 200–207: Besprechung in der Reichskanzlei, Berlin, 21.09.1920.

205 Ebd., Bl. 216 f.: Chef-Besprechung in der Reichskanzlei, Berlin, 08.10.1920.

206 Siehe in diesem Zusammenhang etwa die Mitteilung des Steinburger Landrates, der den Sachverhalt selbst nicht vollends klären konnte: LASH, Abt. 320.18, Nr. 2073, Steinburger Landratsamt an das schleswig-holsteinische Regierungspräsidium, Itzehoe, 17.09.1920.

Siedlungsdirektion und dem gesamten Siedlungsprojekt verstanden werden müssen, vervollständigt das durchaus konfuse Bild.[207]
Waren die Freikorpsoffiziere und die zahlreichen Mannschaften häufig noch mit großem Elan auf der Lockstedter Heide angelangt, erlahmte dieser Eifer teilweise sehr zügig, als erkennbar wurde, was landwirtschaftliche Siedlung eigentlich bedeutete. In diesem Zusammenhang ist etwa Gerhard Graf von Schwerin zu nennen, der seine weitere Karriere nicht in einer Baracke und im Erdreich ersah und sich über einen Abstecher nach Bremen für die Reichswehr entschied.[208] Gerade die Vorstellung, vielleicht erst in Monaten oder gar Jahren ein Rentengut zu erhalten oder eben auch nicht, bis dahin in besseren Holzschuppen zu wohnen und für einen mäßigen Lohn täglich harte landwirtschaftliche und somit oft fachfremde Arbeit zu verrichten, missfiel zahlreichen Personen, die kurzentschlossen verschwanden und sich häufig wieder in ein militärisches Umfeld begaben.[209] Diese Realität will dann auch nicht so recht zu dem passen, was Rudolf Mann 1921 in seinem Werk „Mit Ehrhardt durch Deutschland" äußert:

> „Die Mannschaften des Landheeres sahen ihren bescheidenen, viel Arbeit verheißenden Traum nun zum Ende doch erfüllt, zur Scholle zu kommen, aufs Land und ins Moor. Das ist auch nichts für jedermann, für unsere Leute dagegen das Gegebene, und das einzig Gegebene. Männer, die solches Denken haben wie die Freikorpssoldaten, müssen, wenn sie jahrelang den Krieg hindurch gegraben und gegraben haben, fast eins geworden sind mit der Mutter Erde, auch weiter graben bis an ihr Ende. Mit dem schöneren Gefühl, daß es von nun an nicht mehr allein fürs Vaterland, sondern für das eigene Ich ist und für Frau und Kind."[210]

Sicherlich hat sich dieses schönfärberische Idyll für einige Personen bewahrheiten können; das soll mit Blick auf die Erstsiedler, die über den Schlussrezess von 1929 hinaus Rentengutsbesitzer blieben, gar nicht bestritten werden. Allerdings platzte für die Mehrheit der potenziellen Kandidaten der Traum, sofern dieser überhaupt darin bestand, ein Gehöft fern der Heimat auf bis zu diesem Zeitpunkt unkultiviertem Boden errichten zu wollen. Der

---

207 LASH, Abt. 320.18, Nr. 2071, III. Abteilung des Artillerie-Regimentes 2 an das Steinburger Landratsamt, Itzehoe, 19.12.1920.

208 QUADFLIEG: Gerhard Graf von Schwerin, S. 40–42.

209 Siehe hierzu VON SCHMIDT-PAULI: Geschichte der Freikorps, mit seiner stolz verkündeten Feststellung (S. 171 f.): „Wir werden sie wiedersehen – beim Kapp-Putsch, im Ruhrgebiet, in Oberschlesien, im Kampf gegen die Separatisten. Am 26. Mai 1923 wird der Baltikumkämpfer Albert Leo Schlageter als Märtyrer für die deutsche Sache von französischen Kugeln dahingerafft. Am 9. November 1923 marschieren auch Baltikumer in den Reihen Hitlers zur Feldherrnhalle."

210 MANN, Rudolf: Mit Ehrhardt durch Deutschland. Erinnerungen eines Mitkämpfers von der 2. Marinebrigade, Berlin 1921, S. 213 f.

Weggang besaß in jedem Falle eine wichtige Siebfunktion, die für RS 61 nur förderlich sein konnte. Denn „mit den landwirtschaftlich vorgebildeten Baltikumern [war] wenigstens ein Stamm von landwirtschaftlich erfahrenen Siedlern vorhanden", der garantierte, dass die Arbeiten nicht jäh endeten.[211] Der schleswig-holsteinische Oberpräsident Heinrich Kürbis erhielt allerdings im selben Schreiben die Information, dass „noch eine erhebliche Anzahl von Nichtlandwirten unter den Siedlern [sei], die mehr oder weniger gut vorläufig mit durchgeschleppt werden" – und das Geschehen wohl mehr bremsten als voranbrachten. Wenn Walter Lent also in seiner 1932 publizierten Dissertation „Die ländlichen Siedlungsgenossenschaften, ihre Entwicklung und ihre Probleme" von „verhältnismäßig gute[m] Siedlermaterial" spricht, ist dies stets relativ zu sehen, da sich nicht wenige Personen früher oder später doch von der Arbeit abkehrten.[212]

Für die Soldatensiedler, die 1922 in den Besitz eines Rentengutes gelangt waren, stellten die Jahre 1924 und 1925 eine besondere Herausforderung dar; in diesem Zeitraum sahen sich viele Personen genötigt, das gerade erst bezogene Gehöft aus wirtschaftlichen Gründen aufzugeben. Dadurch veränderte sich der Charakter der Siedlung, weil nun immer mehr ausgebildete Landwirte nachrückten, die wie Hinrich Heetsch[213] aus Steinburg und somit aus der direkten Umgebung oder doch zumeist aus Schleswig-Holstein kamen.

II.3.3.6.1.1. Soldatensiedlungsgenossenschaften (SSG)

Die Ende Mai 1920 aus Munster nach Holstein gelangten ehemaligen Freikorpskämpfer organisierten sich für die geplante Kultivierung des Geländes zunächst in Arbeitsgemeinschaften (AG), die nach den Offizieren „Aust", „Henneke", „Matthes" und „Zahn" benannt wurden und trotz der zivilen Tätigkeiten weiterhin militärisch-hierarchischen Vorstellungen verpflichtet waren.[214] Aus diesen Zusammenschlüssen erwuchsen 1920/21 eingetragene Soldatensiedlungsgenossenschaften (SSG), deren Einnahmen aus den abgeführten Löhnen der Soldaten und später zudem aus den Ernteerträgen

---

211 LASH, Abt. 305, Nr. 6231, Bl. 95, Schleswig-Holsteinische Regierung (Abteilung für direkte Steuern, Domänen und Forsten) an das schleswig-holsteinische Oberpräsidium, Schleswig, 18.01.1921 (dort findet sich auch das nachstehende Zitat).

212 LENT: Siedlungsgenossenschaften, S. 45.

213 Hinrich Heetsch: Anhang, Nr. 2: „Rentengutssache Lockstedter Lager" (RS 61): Rentengutsbesitzer (1922–1930), lfd. Nr. 51.

214 BArch, Abt. R 43-I, Nr. 1282, Bd. 2, Bl. 175–190: Arbeitsplan der Vermittlungsstelle im preußischen Ministerium für Landwirtschaft, Domänen und Forsten, Berlin, 12.09.1920, hier Bl. 189.

stammten.[215] Siedlung wurde somit – wie zuvor der Einsatz an der Front – als Mannschaftsaufgabe verstanden, die ohne einen gewissen Zusammenhalt und Korpsgeist nicht funktionieren konnte.[216]

Die AG „Aust" wurde zur SSG „Pionier", bei der es sich höchstwahrscheinlich um die SSG „Württemberg" handelt, die AG „Henneke" (1921) zur SSG „Hungriger Wolf", die AG „Matthes" zur SSG „Bromberg" und die AG „Zahn" zur SSG „Thorensberg".[217] Verweist die Bezeichnung „Hungriger Wolf" (als Teil des Gebietes Hungriger Wolf-Bücken) auf den Ort der zukünftigen Siedlung, zeigen „Bromberg" (Bücken) und „Württemberg" (Springhoe) die Herkunft der Siedler im Osten sowie im Süden des Deutschen Reiches an, während „Thorensberg" (Ridders) als Vorort von Riga den baltischen Feldzug von 1919 im Blick hat. Die scheinbar willkürlich zusammengewürfelten Namen sind demnach inhaltlich begründet und als programmatisch zu werten. Belege für eine 1962 einmalig in der Literatur angeführte SSG „Hohensalza", die sich wie Bromberg auf die im Zuge des Ersten Weltkrieges an Polen abgetretene Provinz Posen bezöge und im Gebiet Hohenfierth (zwischen Ridders und Springhoe) tätig gewesen sein soll, lassen sich aus dem umfangreichen Aktenmaterial nicht erbringen.[218]

Aufschluss über die Ziele und Aufgaben der Genossenschaften geben die Satzungen, die sich über die beglaubigten Abschriften der vom seinerzeit beim Amtsgericht Itzehoe geführten Register nachvollziehen lassen. Über die SSG „Thorensberg" ist beispielsweise mit Datum vom 1. August 1920 zu lesen:

> „Soldaten-Siedlungsgenossenschaft ‚Thorensberg'
> eingetragene Genossenschaft mit beschränkter Haftpflicht, Ridders, Kreis Steinburg
> in Holstein

---

215 Siehe zum zeitgenössischen Genossenschaftswesen insgesamt OPPENHEIMER, Franz: Die Siedlungsgenossenschaft. Versuch einer positiven Überwindung des Kommunismus durch Lösung des Genossenschaftsproblems und der Agrarfrage, Jena ³1922.

216 BOYENS: Geschichte der ländlichen Siedlung, Bd. 1, S. 373, äußert, dass „der deutsche Mensch nicht ohne weiteres geeignet" sei für genossenschaftliches Agieren, da er „dafür zu intelligent und ein zu großer Individualist" sei.

217 LASH, Abt. 320.18, Nr. 2073, Protokoll, Lockstedter Lager, 26.08.1920.

218 GESELLSCHAFT ZUR FÖRDERUNG DER INNEREN KOLONISATION E. V. IN BONN (Hrsg.): Landeskulturbehörden, S. 47. Auch an anderen Stellen ist das gänzlich auf Einzelbelege verzichtende Werk fehlerhaft: So gab es etwa den „Schlußrezeß vom 27.2.1931" (S. 48) nicht (gemeint ist wohl die Korrekturnote vom 17. Februar 1930, ehe der Vertrag letztlich am 5. Dezember 1930 unterschrieben und besiegelt wurde). Dass die Landgemeinde „1958 übrigens in Hohenlockstedt umbenannt" (ebd.) wurde, ist ebenfalls falsch (dies geschah 1956). Die Liste der Anmerkungen könnte noch fortgesetzt werden.

Gegenstand des Unternehmens: Beschaffung und Einrichtung von Wirtschaftsheimstätten und Förderung der wirtschaftlichen Lage der Genossen, insbesondere der
Erwerb von Wirtschaftsheimstätten auf eigenem Grund und Boden durch Oedlands-
kultur, Beschaffung der zur Gewährung von Darlehn und Krediten erforderlichen
Geldmittel, gemeinschaftlicher Bezug von Wirtschaftsbedürfnissen, Herstellung
und Absatz landwirtschaftlicher Erzeugnisse, Hebung des ländlichen Gewerbefleißes, Schaffung weiterer Einrichtungen zur Förderung der wirtschaftlichen Lage der
Genossen sowie Beschaffung von Maschinen und sonstigen Gebrauchsgegenständen."[219]

Doch nicht nur landwirtschaftliche Geräte interessierten die Siedler, wie aus
einem Schreiben der Genossenschaft vom 6. Oktober 1920 an den Steinburger Landrat erhellt. So bat man „ergebenst um Überweisung von 5–6
Gewehren zum Selbstschutz" für „unvorhergesehene[] Zwischenfälle[], mit
denen man bei der allgemeinen Unsicherheit rechnen" müsse.[220] Immerhin
versprach man im Weiteren, „für sichere Aufbewahrung der Waffen und

---

[219] LASH, Abt. 305, Nr. 6236, Beglaubigte Abschrift aus dem Genossenschafts-
register des Amtsgerichtes Itzehoe zum Rentengutsrezess Nr. 1 von 1922 (dort
finden sich auch die Einträge der übrigen Soldatensiedlungsgenossenschaften). –
Vgl. SSG „Württemberg" (23.07.1920): „Gegenstand des Unternehmens: Die
Beschaffung und Errichtung von Wirtschaftsheimstätten und die Förderung der
wirtschaftlichen Lage der Genossen nach Maßgabe der besonderen Bestimmungen der §§ 2 und 3 der Satzung." – SSG „Bromberg" (03.08.1920): „Gegenstand
des Unternehmens: Erwerb von Wirtschaftsheimstätten mit eigenem Grund und
Boden (Siedlungen von etwa 10–20 Hektar) für die Genossen durch Oedlandkul-
tur, Beschaffung der zur Gewährung von Darlehn und Krediten an die Genossen
erforderlichen Geldmittel, gemeinschaftlicher Bezug von Wirtschaftsbedürfnissen,
Herstellung und Absatz der Erzeugnisse des landwirtschaftlichen Betriebes und
ländlichen Gewerbefleißes, Schaffung weiterer Einrichtungen zur Förderung der
wirtschaftlichen Lage der Genossen, Beschaffung von Maschinen und sonstigen
Gebrauchsgegenständen." – SSG „Hungriger Wolf" (24.04.1921): „Gegenstand
des Unternehmens: Förderung der wirtschaftlichen Interessen der Genossen, mit
dem Endzweck, jedem Genossen den Erwerb einer Rentengutsstelle innerhalb
des Gutsbezirks Lockstedter-Lager zu ermöglichen, sowie die Vornahme der
zur Errichung [sic] des Endzwecks erforderlichen Maßnahmen, insbesondere
die Beschaffung und Bewirtschaftung von Pacht- und Eigenland einschl. der
Beschaffung resp. Aufzucht des für die späteren Siedlerstellen erforderlichen
Viehbestandes, gemeinsamer Bezug von Wirtschaftsbedürfnissen aller Art und
gemeinsamer Absatz der Wirtschaftserzeugnisse, Beteiligung an dem auf die Bildung von Rentengutsstellen gerichteten Verfahrens durch teilweise Übernahme
der Bau- und Meliorierungskosten, Beschaffung von Krediten und sonstige Maßnahmen, insbesondere auch durch tätige Mitarbeit der Genossen."
[220] LASH, Abt. 320.18, Nr. 254: Einwohnerwehren (1919–1921), SSG „Thorensberg" an das Steinburger Landratsamt, Ridders, 06.10.1920 (dort finden sich
auch die nachstehenden Zitate).

Verhütung von Unfug jede Gewähr zu leisten". Landrat Pahlke leitete das Gesuch daraufhin an den Bezirkskommissar für die Entwaffnung der Zivilbevölkerung in Schleswig weiter, der rückseitig erklärte, dass die Behörde hierfür schlicht nicht zuständig sei und „Waffen zum Ortsschutz" in jedem Falle „nicht zur Verfügung" stünden. Die Nähe der nur allzu häufig als friedsam dargestellten Siedler zu militärischen Instrumenten tritt offen zu Tage. Vor diesem Hintergrund erscheint es als wenig nachvollziehbar, dass nach dem Ersten Weltkrieg an Steinburger Bürgerwehren verteilte Waffen von der Reichstreuhandgesellschaft und ihrer Hamburger Zweigstelle ausgerechnet bei der „Platzvertretung Lockstedter Lager" gesammelt werden sollten – bei den Siedlern kam es wiederholt zu Waffenfunden.[221]

II.3.3.6.1.2. Soldatensiedlungsverband (SSV)

Als „Zentral-Genossenschaft"[222] entstand Ende Juni 1920 der Soldatensiedlungsverband (SSV) Holstein, der aus einer kurzzeitig bestehenden Siedlungsgenossenschaft hervorgegangen war, die sich nach Hauptmann Werner Kiewitz[223] benannte. Mit dem Verweis darauf, dass dieser wenige Wochen später das Siedlungsgebiet schon wieder verlassen sollte, da es wohl zu Unstimmigkeiten zwischen den verschiedenen Akteuren kam und Peter Quadflieg bezogen auf die Soldaten und den SSV sicherlich nicht zu Unrecht von einem „Ruheraum für konterrevolutionäre Aktivitäten" spricht,[224] war Kiewitz anfangs noch bestrebt, sich für den Erfolg „dieses für die Provinz neuartigen Ansiedlungswerks" einzusetzen.[225] In seinem Schreiben an den schleswig-holsteinischen Oberpräsidenten vom 26. Juli legte er die Grundgedanken des soldatischen Kultivierungsbestrebens offen, wobei er etwa den genossenschaftlichen Aspekt deutlich hervorhob („Ein Unterschied zwischen früheren Rangklassen wird in der Löhnung und wirtschaftlichen Stellung nicht gemacht."), die Wohnsituation der Siedler als „durchaus feldmässig

---

221 Siehe hierzu MÖLLER: Küstenregion, S. 362–364. – Für die Ereignisse von Juni bis Oktober 1920 sei auch verwiesen auf SCHÄFER (Hrsg.): 1920 bis 1929, S. 15–31.

222 LASH, Abt. 301, Nr. 1935, SSV „Holstein" an das schleswig-holsteinische Oberpräsidium, Lockstedter Lager, 26.07.1920. – Siehe ebd. auch den Entwurf zu den „Satzungen des Soldaten-Siedelungs-Verbandes Holstein. Eingetragene Genossenschaft mit beschränkter Haftung".

223 Siehe zu diesem MÖLLER: Küstenregion, S. 584. – Kiewitz wurde indes kein Siedler und schlug einen diplomatischen Berufsweg ein.

224 QUADFLIEG: Gerhard Graf von Schwerin, S. 41.

225 LASH, Abt. 301, Nr. 1935, SSV „Holstein" an das schleswig-holsteinische Oberpräsidium, Lockstedter Lager, 26.07.1920 (dort finden sich auch die beiden nachstehenden Zitate).

und primitiv" bezeichnete und sich bereit erklärte, für verschiedenartige Kooperationen grundsätzlich zur Verfügung zu stehen.

Bei den Partnern meinte Kiewitz speziell die Landwirtschaftskammer, wobei nochmals an die Schleswig-Holsteinische Höfebank, bei der diese Mitgesellschafterin war, zu erinnern sei. Nachdem Landrat Pahlke am 17. Juni 1920 von der Kommandantur des Truppenübungsplatzes Lockstedt erfahren hatte, dass sich „die Soldaten-Siedlungsgenossenschaft Kiewitz der ehemaligen II. Marine-Brigade" im Siedlungsgebiet aufhalte,[226] wird er weitere Gespräche mit der Höfebank geführt haben. Inwieweit eine Beteiligung bei dem bereits aufgebauten Akteursnetzwerk von Reichsarbeitsministerium und preußischem Landwirtschaftsministerium mit ihrer Vermittlungsstelle überhaupt möglich schien, lässt sich nur schwerlich beurteilen. Die Höfebank selbst zog allerdings ihrerseits einen Schlussstrich, wie dem unmissverständlichen Schreiben vom 16. August zu entnehmen ist – denn damit „teilen wir Ihnen mit, daß nach den Besprechungen, die zwischen der Höfebank und dem SSV. stattgefunden haben, die Höfebank weiter völlig uninteressiert an dem Siedlungsunternehmen bleibt".[227] Zwar hielt der Landrat zunächst an der Vorstellung fest, die Höfebank für das Vorhaben gewinnen zu wollen;[228] die weitere Entwicklung mit der Übertragung auf die Landeskulturbehörde Hannover und später auf das Landeskulturamt Schleswig sowie auf das Kulturamt Heide konnte er allerdings nicht beeinflussen. Diese Einrichtungen haben sich indes – im Unterschied zur Höfebank – nicht an dem SSV und den Genossenschaften gestört.

II.3.3.6.2. Flüchtlingssiedler: „Optanten"

Neben den „Baltikumern", die fast zwei Drittel der Erstsiedler ausmachten, trat mit den „Optanten" eine zweite größere Gruppe beim Rentengutsverfahren hinzu. Hierbei handelte es sich um Flüchtlingssiedler,[229] die aus den nach dem Ersten Weltkrieg vom Deutschen Reich an Polen abzutretenden Ostprovinzen kamen und zumeist deutlich älter waren als die jungen

---

226 LASH, Abt. 320.18, Nr. 2073, Kommandantur des Truppenübungsplatzes Lockstedt an das Steinburger Landratsamt, Lockstedter Lager, 17.06.1920.

227 Ebd., Schleswig-Holsteinische Höfebank an das Steinburger Landratsamt, Kiel, 16.08.1920.

228 Ebd., Steinburger Landratsamt an das schleswig-holsteinische Regierungspräsidium, Itzehoe, 28.08.1920.

229 Siehe zur Flüchtlingssiedlung allgemein BOYENS: Geschichte der ländlichen Siedlung, Bd. 1, S. 122–139. – VON BOTH, Heinrich: Die Flüchtlingssiedlung, in: PREUSSISCHES MINISTERIUM FÜR LANDWIRTSCHAFT, DOMÄNEN UND FORSTEN (Hrsg.): Die deutsche ländliche Siedlung. Formen, Aufgaben, Ziele, Berlin ²1931, S. 155–157.

Soldatensiedler. In ihrer Heimat standen sie vor der bedeutenden Frage und Wahl, ob sie als Angehörige der deutsch-gesinnten Bevölkerungsgruppe die polnische Staatsbürgerschaft (mit allen damit in der Folge verbundenen Schwierigkeiten) annehmen oder aber das Land verlassen sollten (wiederum mit möglichen Problemen hinsichtlich der künftigen Integration), sofern sie sich gegen den polnischen Ausweis entschieden.[230] Gemäß den Erlassen des preußischen Ministeriums für Landwirtschaft, Domänen und Forsten von 1922 bestand das rechtlich begleitete Interesse, den verdrängten Personen die Chance zur „Wiederansiedlung" zu geben.[231] Zu den ersten „Optanten", die 1924 als Erstsiedler ein Rentengut auf dem ehemaligen Truppenübungs-platz Lockstedt erwerben konnten, gehörte Ludwig Jetz,[232] der mit seiner „Familie von 10 Köpfen aus der Ostmark vertrieben war."[233] Er berichtete im Jahre 1928: „Mir wurde Land angeboten, das noch mit Heide bedeckt war. Wollten wir nicht verhungern, mussten wir zugreifen." Die Notlage unterschied sich, wie angemerkt werden darf, generell kaum von der Situa-tion der Soldatensiedler, die zwar bezogen auf den Zusammenhalt mit den Siedlungsgenossenschaften und dem Siedlungsverband noch ein anderes Gemeinschaftsgefühl gehabt haben mögen, allerdings bei Ländereien und den Gebäuden ebenso gut oder eher schlecht ausgestattet waren wie ihre Mitsiedler. Auch bei dem Zweitsiedler beziehungsweise „Neukäufer" Peter Krüger,[234] der 1926 sein Rentengut bezog, sah es nicht besser aus. Die Zahl derer, die ihr Gehöft vor Unterzeichnung des Schlussrezesses bereits wieder abgetreten haben, ist allerdings deutlich geringer als bei den Soldatensied-lern – und ist vielleicht damit zu begründen, dass sie tatsächlich „anspruchs-loser als die einheimische Bevölkerung" waren.[235]

---

230 Siehe in diesem Zusammenhang die wichtige Abhandlung von KOTOWSKI, Albert S.: Polens Politik gegenüber seiner deutschen Minderheit 1919–1939 (Studien der Forschungsstelle Ostmitteleuropa an der Universität Dortmund, Bd. 23), Wiesbaden 1998.

231 PONFICK: Siedlung in Stichwörtern, S. 19.

232 Ludwig Jetz: Anhang, Nr. 2: „Rentengutssache Lockstedter Lager" (RS 61): Rentengutsbesitzer (1922–1930), lfd. Nr. 20.

233 LASH, Abt. 320.18, Nr. 3847, Bl. 78–122: Bericht einer vom Landwirtschaftli-chen Ausschuss des Kreises Steinburg auf Ersuchen des Siedlerbunds Lockstedter Lager an die Landwirtschaftskammer für die Provinz Schleswig-Holstein ernann-ten Kommission zur Prüfung der Verhältnisse im Siedlungsgebiet des Lockstedter Lagers, 1928, hier Bl. 113 (dort findet sich auch das nachstehende Zitat).

234 Peter Krüger: Anhang, Nr. 2: „Rentengutssache Lockstedter Lager" (RS 61): Ren-tengutsbesitzer (1922–1930), lfd. Nr. 32. – Siehe auch die Unterlagen im LASH, Abt. 305, Nr. 8201: Die von den Polen vertriebenen Ansiedler (1922–1933).

235 BOYENS: Bedeutung und Stand, S. 57, der im Weiteren (ebd.) auch „ihre große Kinderzahl" insbesondere „bei der Bewältigung der Kartoffelernte und des

II.3.3.6.3. Landwirtschaft

Kernelement von RS 61 war seit 1920 die Kultivierung des weiträumigen Gebietes für landwirtschaftliche Zwecke. Das bis zu diesem Zeitpunkt militärisch genutzte Ödland musste hierfür teils unter schwerem Maschineneinsatz in vielen mühsamen Arbeitsphasen urbar gemacht werden.[236] Die Bodenbeschaffenheit des ehemaligen Truppenübungsplatzes erwies sich als heterogen und variierte von sandig-trocken als gute Grundbedingung vor allem für den bis heute betriebenen Kartoffelanbau bis erdig-feucht im Bereich der Rantzau mit dem Dauergrünland (Weiden und Wiesen) auf beiden Seiten des begradigten Flusses.[237] Vor diesem Hintergrund lassen sich auch die Getreidefelder und die Rinderhaltung in jeweils einigen Teilen erklären. Mit Blick auf das Resultat mag wiederum Boyens als maßgebliche statistische Quelle genannt sein, der sich „betriebswirtschaftlicher Untersuchungen in mehreren Beispielswirtschaften" annahm und weniger den Personen als vielmehr den ökomischen Zahlen seine volle Aufmerksamkeit schenkte.[238] Da die erhobenen Materialien als veröffentlichte Dissertationsschrift vorliegen, wird darauf an dieser Stelle nicht weiter eingegangen werden. Im Rahmen der akteurszentrierten Studie soll es deshalb nachfolgend um die Perspektive der Siedler und um ihre Beurteilung der agrarischen Anfänge mit den Chancen und den Herausforderungen sowie Problemen gehen, worüber unterschiedliche Einschätzungen oder doch eher Beschwerden aus dem Jahre 1928 unmittelbar Auskunft geben. So berichtet beispielsweise der Zweitsiedler Klaus Schröder,[239] der 1924 sein Rentengut erwarb, von dem Umstand, dass er die übernommenen Äcker noch einmal umbrechen musste, weil sich „noch so viel Unrat im Grunde" befunden habe, womit militärische Hinterlassenschaften

Getreidedrusches" als Vorteile benennt. – Siehe auch LASH, Abt. 305, Nr. 8201, wo in einer undatierten Liste mit neun „Optanten" jeweils auch deren „Zahl der Familienglieder" mitaufgeführt ist.

236 Für die Tätigkeiten und Herausforderungen sei am niedersächsischen Beispiel verwiesen auf KAISER, Hermann: Dampfmaschinen gegen Moor und Heide. Ödlandkultivierung zwischen Weser und Ems (Materialien zur Volkskultur nordwestliches Niedersachsen, Bd. 8), Cloppenburg ⁴1991.

237 LASH, Abt. 305, Nr. 6233, Übersichts-Bogen zu dem Entwurfe für die Regulierung der Rantzau im Siedlungsgebiet „Lockstedter Lager", 31.03.1923. Für die Gesamtleitung zeichnete das Kulturbauamt Neumünster verantwortlich. Erst 1938 wurde überdies die bereits in den 1920er-Jahren projektierte Wassergenossenschaft gegründet.

238 BOYENS: Bedeutung und Stand, S. 65–123 (das Zitat findet sich auf S. 5).

239 Klaus Schröder: Anhang, Nr. 2: „Rentengutssache Lockstedter Lager" (RS 61): Rentengutsbesitzer (1922–1930), lfd. Nr. 55.

gemeint sind.[240] Die Ausführungen des früheren Reichswehrangehörigen Johannes Lindemann[241] für die Phase um 1922 herum, als er seine Hofstelle in Springhoe erhielt, vermitteln einen Eindruck von den widrigen Umständen sowie auch von den personellen Differenzen bis 1928:

> „Die Kultivierung der Ländereien war vollständig ungenügend. Von einer Grenzsiedelung sind 3 ha kultiviert, 16 ha sind nur mit dem Dampfpflug durchgerissen und einmal mit der Scheibenegge durchgezogen. Von diesem Boden habe ich fast gar keinen Nutzen und er liegt meistens noch so. Wenn wir lebensfähig gemacht werden sollen, so kann das nur durch eine Zuweisung seitens des Reiches geschehen. Die Herren der Administration haben wohl gewusst, wie Land kultiviert werden muss, wenn es Erträge bringen soll, denn bei dem Amtmann Lück ist es ganz anders gewesen. Da ist nicht nur der Dampfpflug tätig gewesen, sondern das Land ist auch kreuz und quer mit der Scheibenegge so lange bearbeitet, bis es gut war. Wir haben ebenso gut kultivierten Boden zu verlangen. Lück hat auf dem gutdurchgearbeiteten Boden nicht einmal nötig, Vorfrucht zu säen. Die 36 Zentner Lupinen, die ihm ausgeliefert sind, hat er an Kühlcke in Kellinghusen verkauft. Sie hätten dort anderswo in der Siedlung gebaut werden können."[242]

Der ebenfalls seit 1922 in Springhoe ansässige Georg Wiedmann[243] fasst pointiert zusammen, dass seine Flächen „so schlecht" seien, dass sich dort „kein Schaf ernähren" könne.[244] Grundsätzliche Hoffnung bei gleichzeitiger Ernüchterung ob der begrenzten Ressourcen lässt sich beispielsweise der Aussage des aus der Reichswehr stammenden Siedlers Paul Altenhain[245]

240 LASH, Abt. 320.18, Nr. 3847, Bl. 78–122: Bericht einer vom Landwirtschaftlichen Ausschuss des Kreises Steinburg auf Ersuchen des Siedlerbunds Lockstedter Lager an die Landwirtschaftskammer für die Provinz Schleswig-Holstein ernannten Kommission zur Prüfung der Verhältnisse im Siedlungsgebiet des Lockstedter Lagers, 1928, hier Bl. 103.
241 Johannes Lindemann: Anhang, Nr. 2: „Rentengutssache Lockstedter Lager" (RS 61): Rentengutsbesitzer (1922–1930), lfd. Nr. 86.
242 LASH, Abt. 320.18, Nr. 3847, Bl. 78–122: Bericht einer vom Landwirtschaftlichen Ausschuss des Kreises Steinburg auf Ersuchen des Siedlerbunds Lockstedter Lager an die Landwirtschaftskammer für die Provinz Schleswig-Holstein ernannten Kommission zur Prüfung der Verhältnisse im Siedlungsgebiet des Lockstedter Lagers, 1928, hier Bl. 112 f.
243 Georg Wiedmann: Anhang, Nr. 2: „Rentengutssache Lockstedter Lager" (RS 61): Rentengutsbesitzer (1922–1930), lfd. Nr. 97.
244 LASH, Abt. 320.18, Nr. 3847, Bl. 78–122: Bericht einer vom Landwirtschaftlichen Ausschuss des Kreises Steinburg auf Ersuchen des Siedlerbunds Lockstedter Lager an die Landwirtschaftskammer für die Provinz Schleswig-Holstein ernannten Kommission zur Prüfung der Verhältnisse im Siedlungsgebiet des Lockstedter Lagers, 1928, hier Bl. 97.
245 Paul Altenhain: Anhang, Nr. 2: „Rentengutssache Lockstedter Lager" (RS 61): Rentengutsbesitzer (1922–1930), lfd. Nr. 87.

entnehmen: „Ich glaube, der Boden ist garnicht [sic] so schlecht, wenn wir in
der Lage sind, ihm Volldüngung zu geben, so können wir ganz gute Erträge
erwarten".[246] Nur gab es entsprechende Düngemittel häufig genug nicht in
ausreichender Menge, weshalb die Erkenntnis als Vorwurf im luftleeren
Raum zurückblieb. Als Reaktion auf die wieder und wieder vorgebrachten
Beschwerden gelang es im August 1928 zumindest, neben das politische
Sprachrohr, als das sich der Siedlerbund verstand, den „Versuchsring Lockstedter Lager" als Zusammenschluss zur Melioration der landwirtschaftlichen Verhältnisse zu begründen.[247] Bei den thematischen Schwerpunkten
des zukünftig noch weiter zu erforschenden Versuchsringes sind sodann
die Düngung sowie auch der Fruchtfolgenwechsel und die Viehhaltung als
wesentliche Komponenten der Landwirtschaft zu nennen.

II.3.3.6.4. Wohn- und Wirtschaftsgebäude

Während die zukünftigen Rentengutsbesitzer in den Jahren 1920 und 1921
zumeist in provisorischen Massenunterkünften auf dem Gelände wohl mehr
hausten denn wohnten, um von dort täglich zur genossenschaftlichen Arbeit
auszurücken, konnten die ersten Gehöfte in Ridders nach langer Zeit des
Wartens zum 1. April 1922 übergeben werden. Erwähnung sollte in diesem
Zusammenhang die wichtige Tatsache finden, dass die Siedler beziehungsweise bis dato die Siedlungswilligen, die allzu häufig mit den an sie gestell-
ten Aufgaben nicht zurechtkamen, weshalb sich die Zahl der potenziellen
Rentengutsbesitzer zügig verringerte, über agrarisches Grundkapital verfü-
gen und konkret „zwei Pferde mit Geschirr, eine Kuh, eine Starke [i. e. ein
weibliches Rind, das noch nicht gekalbt hat und auch als Färse/Queene/Quie
bezeichnet wird], zwei Läuferschweine [i. e. junge Schweine, die keine Ferkel
mehr, aber auch noch keine Sauen respektive Eber sind], einen Ackerwagen,
einen Pflug, eine Egge, eine Schubkarre und Milchgeschirr" vorweisen mussten.[248] Auf diese Weise konnte zumindest in einem gewissen Rahmen sicher-
gestellt werden, dass sich Personen mit nachhaltender Ernsthaftigkeit in den
Besitz einer Hofstelle brachten, die nach einer verlangten Teilzahlung mit
einer gemäß Rentengutsvertrag festgesetzten und jährlich zu entrichtenden

---

246 LASH, Abt. 320.18, Nr. 3847, Bl. 78–122: Bericht einer vom Landwirtschaftli-
    chen Ausschuss des Kreises Steinburg auf Ersuchen des Siedlerbunds Lockstedter
    Lager an die Landwirtschaftskammer für die Provinz Schleswig-Holstein ernann-
    ten Kommission zur Prüfung der Verhältnisse im Siedlungsgebiet des Lockstedter
    Lagers, 1928, hier Bl. 98.
247 Siehe speziell LASH, Abt. 320.18, Nr. 3847, Bl. 278–311: Bericht über die Tätig-
    keit des Versuchsringes „Lockstedter-Lager" aus dem Versuchsjahr 1928/29.
248 BOYENS: Bedeutung und Stand, S. 55.

Rentensumme belegt wurde, bis die im Grundbuch eingetragenen Gebäude und Ländereien als Eigentum auf den Siedler übergingen.

Über die Gleise der von Pferden gezogenen Feldbahn[249] gelangten die von den mit der Errichtung beauftragten Baufirmen benötigten Materialien zu den einzelnen Siedlungsgebieten, für die unterschiedliche Strukturkonzepte erstellt wurden. So nahm Ridders aufgrund der historischen Entwicklung eine Sonderrolle ein, indem hier das ursprüngliche Haufendorf gleichsam wiedererrichtet wurde.[250] In Springhoe sowie auch in Hohenfierth entschieden sich die Verantwortlichen für Straßensiedlungen; das in den Plänen zusammengefasste Areal Hungriger Wolf-Bücken wies für Hungriger Wolf eine Siedlung entlang der Chaussee nach Rendsburg und in Bücken kleine Gruppensiedlungen (an der Stelle des ehemaligen Gutes sowie in der Umgebung) auf. Die bis zur Hyperinflation im Jahre 1923 fertiggestellten Höfe mit kombiniertem Wohn- und Wirtschaftsteil dürfen in ihrer Bauweise als den Ansprüchen genügend betrachtet werden. Einen massiven Einschnitt bedeutete dann allerdings die verschlechterte wirtschaftliche Gesamtlage, woraufhin nur noch Gebäude von sehr mäßiger Qualität in der sogenannten „Zollbauweise" zur Ausführung kamen,[251] die wegen ihres markant gewölbten Daches ironisch-despektierlich als „Fliegerhallen", „Omnibusse" oder gar „umgestülpte Backtröge" bezeichnet wurden.[252] Erst im Zuge der

---

249 PS JO, Pferdegeschirr Lockstedter Lager, 1920er-Jahre. – Siehe auch die Abbildung bei GLISMANN: Hohenlockstedt, zw. S. 192 u. 193 (Abb. 218, Mitte).

250 Die Sonderstellung der Dorfschaft Ridders zeigt sich auch beim Blick auf die Erinnerungskultur: Während hier ein eigenes Denkmal für die Kriegstoten und Vermissten des Zweiten Weltkrieges existiert, das die Personen auf zwei Stelen namentlich auflistet, offenbart die im Ehrenhain in Hohenlockstedt befindliche Anlage („Unseren Toten") lediglich die Schriftzüge der Ortsteile Bücken, Hohenfierth, Hungriger Wolf, Lockstedter Lager und Springhoe.

251 Diese besondere Bauweise geht zurück auf den Merseburger Stadtbaurat Friedrich Zollinger, weshalb auch von dem „Zollinger-Dach" gesprochen wird. – Siehe in diesem Zusammenhang etwa die jüngst vorgelegte Studie von TUTSCH, Joram F.: Weitgespannte Lamellendächer der frühen Moderne. Konstruktionsgeschichte, Geometrie und Tragverhalten, Diss. Techn. Univ. München 2020.

252 Entsprechende Aufnahmen finden sich bei GLISMANN: Hohenlockstedt, S. 183–232. – Siehe demgegenüber BRANDT, Otto/WÖLFE, Karl (Hrsg.): Schleswig-Holsteins Geschichte und Leben in Karten und Bildern. Ein Nordmark-Atlas, Altona/Kiel 1928, S. 105, die einen Bau der Ödlandkulturstelle im preußischen Ministerium für Landwirtschaft, Domänen und Forsten präsentieren, sowie das Werk der LANDWIRTSCHAFTSKAMMER FÜR DIE PROVINZ SCHLESWIG-HOLSTEIN: Die Landwirtschaftskammer für die Provinz Schleswig-Holstein. Werdegang und Entwicklung in den Jahren 1896–1929 (Sonderwerksreihe über die deutschen Landwirtschaftskammern, Bd. 1), Kiel ²1929, S. 153–160, die Gebäude der Schleswig-Holsteinischen Höfebank zeigt.

„Sanierungssache Lockstedter Lager" erhielten die meisten Bauten in den
1930er-Jahren (unter nationalsozialistischer Ägide) die regional-typischen,
aber auf dem Siedlungsgelände eben vielfach nicht ursprünglichen Satteldä-
cher. Bei den ehemaligen Hofstellen und ihrer Bewertung lohnt indes wieder
ein Blick auf die reichhaltigen Beschwerden der Siedler von 1928. Darin
schildert etwa der Zweitsiedler Hans Möller[253] nicht ohne Groll:

> „Ich habe zuerst die Stelle von Amtmann Lück gepachtet. Dabei hat Lück mir
> gesagt, dass das Land fuderweise mit künstlichem Dünger bestreut sei, was wohl
> teilweise zutreffend war. Lange hat unsere Freundschaft nicht angehalten, da wir
> uns bald gegenseitig durchschaut hatten. Ich habe mir dann eine Siedlerstelle auf
> dem Hungrigen Wolf gekauft. Aber was habe ich da aufwenden müssen, um den
> Besitz einigermassen zurecht zu bringen. Unter Benutzung von Altmaterial habe ich
> mir ein Wirtschaftsgebäude erbaut, wie es für einen landwirtschaftlichen Betrieb
> erforderlich ist. Weil ich selbst dabei mitgearbeitet habe und meine Nachbarn auch,
> so habe ich es mit Mühe und Not für 10.000 M errichten können. Wenn ein Bau-
> meister es gebaut hätte, so würde es mindestens 17.000 M gekostet haben. Eine auf
> der Stelle ruhende sog. Spekulationshypothek von 3.000 M bat ich, mir zu erlassen.
> Ich musste aber sogleich 500 M bezahlen und den Rest von 2.500 M mit 6 % ver-
> zinsen und mit 4 % amortisieren. Nachher sind die 2.500 M verrentet worden."[254]

Die negativen Folgen sowohl für die Menschen und das Vieh als auch für
die landwirtschaftlichen Erzeugnisse sind wiederholt Gegenstand der Kritik,
wie dies etwa bei dem Erstsiedler Johann Gruber[255] begegnet: „Ich besitze
eine sog. Fliegerhalle. Wenn im Herbst die Tiere in den Stall kommen, so
vermodert das Korn, das über dem Stall liegt, weil die Dünste durch die
dünne Decke dringen."[256] Im Weiteren moniert er die generelle Wetteremp-
findlichkeit des Hauses; denn bei Wind „wird das Dach hochgehoben und

---

253 Hans Möller: Anhang, Nr. 2: „Rentengutssache Lockstedter Lager" (RS 61):
     Rentengutsbesitzer (1922–1930), lfd. Nr. 59.
254 LASH, Abt. 320.18, Nr. 3847, Bl. 78–122: Bericht einer vom Landwirtschaftli-
     chen Ausschuss des Kreises Steinburg auf Ersuchen des Siedlerbunds Lockstedter
     Lager an die Landwirtschaftskammer für die Provinz Schleswig-Holstein ernann-
     ten Kommission zur Prüfung der Verhältnisse im Siedlungsgebiet des Lockstedter
     Lagers, 1928, hier Bl. 108. – Möller äußert ebd., Bl. 108 f., nicht ohne patrio-
     tischen Stolz: „Wenn ich auch sehr schwer auf meinem Besitz belastet bin, so
     hoffe ich doch – ich bin Dithmarscher – mit Hilfe der mir von Verwandten zur
     Verfügung gestellten Mittel durchkommen zu können."
255 Johann Gruber: Anhang, Nr. 2: „Rentengutssache Lockstedter Lager" (RS 61):
     Rentengutsbesitzer (1922–1930), lfd. 102.
256 LASH, Abt. 320.18, Nr. 3847, Bl. 78–122: Bericht einer vom Landwirtschaftli-
     chen Ausschuss des Kreises Steinburg auf Ersuchen des Siedlerbunds Lockstedter
     Lager an die Landwirtschaftskammer für die Provinz Schleswig-Holstein ernann-
     ten Kommission zur Prüfung der Verhältnisse im Siedlungsgebiet des Lockstedter
     Lagers, 1928, hier Bl. 97 (dort findet sich auch das nachstehende Zitat).

es ist, als wenn die Wellen auf dem Wasser gehen. Überall regnet es hinein." In die gleiche Richtung weist der Kommentar des ehemaligen Reichsmarineangehörigen Peter Lübker,[257] der aufzählt: „Viel Zeitungspapier habe ich verbrauchen müssen, um alle Löcher im Dach notdürftig zuzustopfen; ausserdem habe ich 3 Pfund Kitt gebraucht, um auszukitten, was im Hause undicht war."[258] Schließlich soll die tragikomische Beobachtung des Flüchtlingssiedlers Jetz, ob sie tatsächlich zutrifft oder doch ein wenig übertrieben dargestellt ist, nicht ausgespart werden, um zu verdeutlichen, wie die Hofstellen der Rentengutsbesitzer oft ausgesehen haben mögen:

> „Der Baumeister Zacharias sagte mir, die jetzigen Häuser seien nur ein Notbehelf; nach einigen Jahren wird es den Siedlern wohl so gehen, dass sie sich Paläste bauen können. Es ist nicht zu verstehen, dass sie von der Landesbrandkasse aufgenommen sind. Die Wände sind so dünn, dass das Fachwerk, wenn sich ein Pferd oder ein [sic] Kuh dagegen lehnt, umfällt. Denn alles besteht nur aus Schalbrettern."[259]

II.3.3.6.5. (Ökonomische) Herausforderungen

„Ich mache die landwirtschaftlichen Arbeiten mit meiner Frau allein. Hilfe kann ich nicht einstellen. Man quält sich vom Morgen bis zum Abend ab und dabei geht es dauernd zurück. Ich weiss nicht, wie wir uns weiterhelfen sollen."[260] So fällt das Fazit des Zweitsiedlers Hermann Richter[261] im Jahre 1928 aus, nachdem er 1924 das Rentengut erworben hatte. RS 61 bewegte sich von 1920 bis 1930 zwischen begeisterter Euphorie und einer Muspilli-Stimmung, wobei sich bei allen erfolgreichen Kultivierungsarbeiten die wirtschaftlich schwierigen Inflationsjahre doch unmittelbar auf die Siedlung auswirkten. Das Rentengutsverfahren in den 1920er-Jahren war somit von Darlehen, Hypotheken und Stundungen sowie einer fortwährenden Kreditbedürftigkeit der einzelnen Siedler bestimmt.[262] Da diese wirtschaftlichen

---

257 Peter Lübker: Anhang, Nr. 2: „Rentengutssache Lockstedter Lager" (RS 61): Rentengutsbesitzer (1922–1930), lfd. Nr. 88.

258 LASH, Abt. 320.18, Nr. 3847, Bl. 78–122: Bericht einer vom Landwirtschaftlichen Ausschuss des Kreises Steinburg auf Ersuchen des Siedlerbunds Lockstedter Lager an die Landwirtschaftskammer für die Provinz Schleswig-Holstein ernannten Kommission zur Prüfung der Verhältnisse im Siedlungsgebiet des Lockstedter Lagers, 1928, hier Bl. 109.

259 Ebd., Bl. 114.

260 Ebd., Bl. 105 f.

261 Hermann Richter: Anhang, Nr. 2: „Rentengutssache Lockstedter Lager" (RS 61): Rentengutsbesitzer (1922–1930), lfd. Nr. 62. – Siehe auch MÖLLER: Küstenregion, S. 632.

262 Beispielhaft sei verwiesen auf LASH, Abt. 305, Nr. 6231, Nachweisungen über die Verhältnisse der Siedler und ihre nicht-rezessmäßigen Schulden sowie über die Rentengüter und ihre rezessmäßigen Belastungen, [1926]. – Siehe auch

Aspekte eigenen Arbeiten vorbehalten bleiben müssen, sollen nachstehend
wenigstens ein paar zentrale akteurszentrierte Punkte herausgearbeitet
werden.

Als am 22. Juni 1922 der „Nordische Kurier" die „Schmerzen und Wünsche der Soldatensiedler" veröffentlichte, wird der Leserschaft nicht ent-
gangen sein, dass die Gruppe der „Baltikumer" keineswegs zufrieden war
mit der Durchführung von RS 61. Eingesandt von der SSG „Thorensberg"
und abgedruckt in der Rubrik „Sprechsaal", formulierten die ehemaligen
Freikorpskämpfer vier konkrete Forderungen, die sich dezidiert gegen die
Siedlungsdirektion (und in Teilen auch gegen die Vermittlungsstelle sowie
das Reichsarbeitsministerium) richteten und nachstehend in Gänze wieder-
gegeben werden sollen:

„1. Innehaltung des vorgesehenen Bauplanes.
Versprochen in diesem Jahr auf dem Lockstedter Lager 40 Gehöfte. Im Frühjahr
auch 40 Parzellen durch Landmesser vermessen, 40 Bauplätze festgelegt und alle
Vorbereitungen durch Bauabteilung getroffen. Hinter unserm Rücken das Versprechen gebrochen. Ohne Anhörung der Genossenschaften Bauplan über den
Haufen geworfen. Bauhandwerker entlassen, Sägewerk halb stillgelegt, Material-
beschaffung verboten. Keine 20 Gehöfte wurden gebaut, darunter Beamtenwoh-
nung und Fischerei. Durch falsche Anordnung in der Bauführung auch noch die
Bautätigkeit ins Stocken gebracht. Wollte man etwa aus dem Truppenübungsplatz
neue Domäne machen? Anscheinend nicht, denn jetzt sucht man durch Zeitungen andauernd Handwerker für Unternehmer. Durch diese Unterlassungssünden
zugunsten von Unternehmern unermeßliche Verteuerung und Schädigung der
gemeinnützigen Soldatensiedlung. Voriges Jahr ein Bauernhaus 130.000 Mk., jetzt
360.000 Mk., nächstes Jahr vielleicht das Doppelte. Inventar wird mit den Jahren
kaum erschwinglich. Nichts kann Rente mehr verbilligen als beschleunigtes Bauen.
Kultivierungskosten decken sich größtenteils selbst, nicht aber die Bauarbeit. Dabei
Wohnungsverhältnisse so miserabel, daß jetzt noch Verheiratete getrennt leben, seit
längerem Verlobte in großer Zahl nicht heiraten können. – Fordern Schutz gegen
Bauschund. Aufklärung und Mitbestimmungsrecht der Genossenschaften beim
Parzellierungs- und Bauplan. So frühzeitige Bestätigung der Gehöftsbewerber durch
Ministerium und Kulturamt, daß sie schon bei Auswahl des Bauplatzes und dem
Bau selbst mitsprechen können.

2. Volles Mitbestimmungsrecht der Siedler,
das bislang mit Füßen getreten wurde. Bei Besichtigungen Siedler stets wie Luft
behandelt. Krasse Fälle: Vorigen Sommer bei Besuchen von Vertretern des Oberpräsidenten und der Ressortkommission, im Herbst des Reichsarbeitsministers Dr. Brauns, kürzlich vor vier Wochen beim Besuche der Minister Braun und
Dr. Wendorff mit Begleitung. Auch heutiger Besuch des Hauptausschusses ist uns

---

Boyens: Bedeutung und Stand, S. 55. – Ders.: Geschichte der ländlichen Siedlung, Bd. 1, S. 408 f.

amtlich nicht mitgeteilt. – Fordern amtliche Ankündigung jeder Besichtigung an Genossenschaften und auf ihren Wunsch Zuziehung von Vertretern der Siedler. Unmittelbaren schriftlichen Verkehr der Genossenschaften mit dem Ministerium und mündlich durch sebstgewählte [sic] Vertrauensleute. Vor ein Jahr uns aufgezwungene Siedlungsvertrag heute noch nicht bestätigt. Bitten[,] nicht schlechter gestellt zu werden als Arbeiter in kapitalistischen Betrieben. Verfassungsmäßige und im Betriebsrätegesetz verankerte Rechte hat man bei uns ins Gegenteil verkehrt. Dort Immunität für die Betriebsvertreter, Versammlungsfreiheit, Recht auf Ladung der Betriebsleiter und Vorgesetzten, Recht auf Einblick in alle Betriebsvorgänge und vierteljährliche Berichterstattung. Bei uns laut Siedlungsvertrag den Geist des Genossenschaftsgesetzes vergewaltigende Bestimmungen, wie willkürliche Enthebung und Ersetzung von Mitgliedern des Vorstandes und Aufsichtsrats, eine Art polizeiliche Anmeldepflicht und Aufsichtsrecht nicht nur jeder Vollversammlung, sondern sogar jeder Vorstands- und Aufsichtsratssitzung. Siedlungsvertrag sieht nur halbjährliche Berichterstattung vor, trotzdem bislang noch kein Bericht erstattet. Kein Schutz gegen willkürliches Vorgehen und passive Resistenz wie im Betriebsrätegesetz durch Schlichtungsausschuß und Strafbestimmungen. – Bitten vor allem um endliche Klärung der Frage: Sind wir[,] solange wir gegen Entgelt im Dienste des Staates Land weit über unseren Bedarf kultivieren und dem Versicherungsgesetz unterliegen, Unternehmer und die Beamten unsere Angestellten und haben als solche unseren Weisungen zu folgen? Wenn nicht, also umgekehrt die Beamten Betriebsleiter und Vorgesetzte sind, dürfen wir dann die gesetzlich verankerten Rechte geltend machen, indem etwa der Vorstand die Rechte des Betriebsrates hat? Fällt der Entscheid zu unseren Gunsten aus, dürfen wir als Unternehmer die Produkte nach unseren Wünschen verwerten, den Bauplan festlegen, die Lohnhöhe bestimmen, Beamte anstellen und entlassen, kurz, den Betrieb nach unserem Ermessen leiten?

3. Würdige Regelung des Arbeitsvertrages.
Auch dieser bis jetzt mit allen Druckmitteln aufgezwungene, wovon schlimmstes Ausspielen der Gehöftserwerber gegen Siedlerarbeiter. Zur Zeit täglich Mk. 40.– unter Tarif. Bitten um gleitende Lohnskala, Naturallohn bezw. Naturalreserve. Voriges Jahr Naturalien verschleudert, deshalb kein Geld für menschenwürdige Entlohnung.

4. Hilfe bei Inventarbeschaffung.
Moralische Förderung des Gedankens einer Siedlerbank, für die bisher über 1 Million Mark gezeichnet sind, durch die Behörden des Reiches, der Länder und Provinzen. Aus Beständen der Reichswehr und Schupo [i. e. Schutzpolizei] abgestoßenes Gerät und Pferde vermitteln. Bei allmählichen [sic] Abbau des Administrationsbetriebes Ablassen von Gerät und Pferden zu Beschaffungs- bezw. Selbstkostenpreisen."[263]

Die Zeilen künden von dem Unbehagen ob der aktuellen Lage, die keineswegs der Vorstellung entsprach, wie sie die potenziellen Rentengutsbesitzer

263 O. N.: Schmerzen und Wünsche der Soldatensiedler, in: Nordischer Kurier (22.07.1922), o. S.

im Jahre 1920 erhofft hatten. Wenngleich zwar die mit dem Siedlungsprojekt betrauten Beamten dem ehemaligen Truppenübungsplatz häufiger – und
sogar regelmäßig aus Berlin – einen Besuch abstatteten, änderte sich an den
Grundbedingungen mit Verweis auf die finanziellen Möglichkeiten eher
wenig.

Im Jahre 1923 trat die SSG „Thorensberg" an den Kreis Steinburg heran,
der die Bürgschaft für ein Darlehen der Landesbank übernehmen sollte: „Die
betreffenden Siedler besitzen zwar schon jeder 2 Kühe und das kleine Acker-
gerät. Schwierigkeit macht ihnen aber die Beschaffung der Pferde und
Bauwagen, wozu je etwa 2 Millionen Mk nach dem heutigen Dollarstand
erforderlich sind."[264] Sicherheiten seien nach eigener Aussage vorhanden;
dies wird die Mitglieder des Kreisausschusses letztlich nach Verhandlungen
dazu bewogen haben, dem Antrag zuzustimmen, woraufhin sich die Siedlungsgenossenschaft herzlich bedankte.[265] Der Kreisausschuss entschied
allerdings mit Blick auf ein sich anschließendes Gesuch der SSG „Württemberg", „weitere Bürgschaften für Soldatensiedlungen im Lockstedter Lager
grundsätzlich nicht zu übernehmen, solange die Siedler nicht grundbuch-
amtlich als Eigentümer der Siedlung eingetragen sind".[266] Landrat Goeppert
setzte sich aber auch in der Folge in großem Maße für das Kultivierungsprojekt ein, indem er unter anderem seine Kontakte nutzte und beispielsweise
1926 Anton Schifferer, den preußischen Bevollmächtigten zum Reichsrat,
kontaktierte, als es wieder einmal um die Unterstützung der Siedler ging.
Goeppert hoffte inständig, dass sich „doch Beweise dafür bringen [lassen],
daß der übrig gebliebene Rest zum größten Teil Männer sind[,] die ihrer Aufgabe gewachsen sind".[267]

Doch der inzwischen vermischte Siedlerstamm von „Baltikumern" und
„Optanten" war auch weiterhin von Fluktuation geprägt; die Rentengüter
wechselten häufig, ohne dass eine gewisse Ruhe einkehren konnte. Das Kulturamt Heide beschaute das Treiben, um 1926 zu äußern: „Für das Ansehen
der Siedlung in Lockstedter Lager ist es vorteilhaft, dass der Ueberträger
Bernhard Kiechle[268] von seinem Rentengute abzieht: Der Genannte war

---

264 LASH, Abt. 320.18, Nr. 3850: Bürgschaftsübernahme für die SSG „Thorens-
    berg" (1923), SSG „Thorensberg" an den Steinburger Kreisausschuss, Ridders,
    02.02.1923.
265 Ebd., SSG „Thorensberg" an das Steinburger Landratsamt, Ridders, 10.06.1923.
266 Ebd., Steinburger Kreisausschuss an die „SSG Württemberg", Itzehoe,
    13.07.1923.
267 LASH, Abt. 320.18, Nr. 3847, Steinburger Landratsamt an den preußischen
    Bevollmächtigten zum Reichsrat, Itzehoe, 12.01.1926.
268 Bernhard Kiechle: Anhang, Nr. 2: „Rentengutssache Lockstedter Lager" (RS 61):
    Rentengutsbesitzer (1922–1930), lfd. Nr. 83.

verhältnismässig hoch verschuldet. Sein längeres Verbleiben auf der Stelle war deshalb unmöglich. "[269] Und als im selben Jahr Franz Feuer sein Gehöft an Otto Stührk[270] aus der Steinburger Gemeinde Silzen, die unmittelbar an das Siedlungsgebiet grenzt, verkaufte, wurde mit Freude konstatiert, dass dieser einerseits Landwirt und andererseits Schleswig-Holsteiner sei.[271] Waren die Mitglieder der SSG „Thorensberg" zwar keine Landeskinder, so gelang es ihnen doch, ein gutes Verhältnis zum Landrat und zur neuen Heimat mit der sprachlichen Barriere des Niederdeutschen aufzubauen,[272] obgleich die Absicht des Austausches häufig finanziell motiviert war, wie die Angelegenheit um die Notstandskredite von 1926 zeigt:

> „Hochverehrter Herr Landrat!
> Wir dürfen wohl in der Annahme nicht fehl gehen, daß wir die endliche Bewilligung der Notstandskredite für die Soldatensiedler nicht zum wenigsten Ihren unausgesetzten Bemühungen und Vorstellungen zu verdanken haben.
> Im Namen der Baltikumsiedler danke ich Ihnen nochmals herzlich für Ihre Bemühungen in dieser schwierigen Sache und bitte ich, diesen unseren Dank auch den Herren Grafen Rantzau-Rastorf und Dr. Schifferer zu übermitteln. [...]
> Fröhliche Pfingsten wünscht
> mit herzlichem Glückauf!"[273]

Um die Interessen aller Siedler, also nicht nur der seit 1920 in den Siedlungsgenossenschaften und dem Siedlungsverband organisierten „Baltikumer", nach außen hin vertreten zu können, wurde im Januar 1928 der „Siedlerbund

---

269 LASH, Abt. 305, Nr. 6231, Bl. 62: Schreiben des Kulturamtes Heide, 1926.

270 Otto Stührk: Anhang, Nr. 2: „Rentengutssache Lockstedter Lager" (RS 61): Rentengutsbesitzer (1922–1930), lfd. Nr. 56.

271 LASH, Abt. 305, Nr. 6231, Bl. 77, Kulturamt Heide an das Landeskulturamt Schleswig, Heide, 08.03.1926.

272 Für die sprachliche Integration der Siedler sei verwiesen auf GLISMANN: Hohenlockstedt, S. 183 f.: „Trifft man heute [i. e. 1962] einen alten ,Württemberger', so kann man diesen nur noch an geringfügigen Akzenten seiner Muttersprache erkennen. Sonst aber ,snackt se all so platt, wie de Holstener'. Gerade die sprachliche Assimilationsfähigkeit hat sehr dazu beigetragen, daß zwischen den Württembergern und den Einheimnischen [sic] schnell ein Vertrauensverhältnis geschaffen wurde, welches bis auf den heutigen Tag keine Trübung erfahren hat." – Siehe zum Niederdeutschen als dörfliche Verkehrssprache in diesem Zeitraum OCKER, Jan: „Wer het mi min Karf mit Flesch stahln?" Schleswig-Holstein als niederdeutsche Sprachregion im späten 19. und frühen 20. Jahrhundert, in: GALLION, Nina/GÖLLNITZ, Martin/SCHNACK, Frederieke M. (Hrsg.): Regionalgeschichte. Potentiale des historischen Raumbezugs (Zeit + Geschichte, Bd. 53), Göttingen 2021, S. 55–72.

273 LASH, Abt. 320.18, Nr. 3847, SSG „Thorensberg" an das Steinburger Landratsamt, Ridders 22.5.1926.

Lockstedter Lager" gegründet, der noch einer näheren Betrachtung harrt.[274]
Im selben Jahr legte die Vereinigung die Schrift „Was ging im Siedlungsgebiet
Lockstedter Lager vor? Korruption? Untreue?" als Kompendium gebündel-
ter Beschwerden vor, womit sich die Verantwortlichen an den Reichsarbeitsminister richteten und in scharfen Worten den Status quo von RS 61
bemängelten.[275] Ferner sei, wie an anderer Stelle bereits genannt, auf den
„Bericht einer vom Landwirtschaftlichen Ausschuss des Kreises Steinburg
auf Ersuchen des Siedlerbunds Lockstedter Lager an die Landwirtschaftskammer für die Provinz Schleswig-Holstein ernannten Kommission zur Prüfung der Verhältnisse im Siedlungsgebiet des Lockstedter Lagers" verwiesen,
in dem sich verschiedene und zumeist klagende Siedleraussagen hinsichtlich
der Rentengüter befinden.[276]
Dass bei Unterzeichnung des Schlussrezesses eine große Zahl an Erst-
siedlern nicht mehr vor Ort war, lässt sich mit Blick auf die im Anhang
dargereichten Namen belegen. Dass die im November 1929 eingetragenen
Rentengutsbesitzer aber auch nicht allesamt zufrieden waren, lässt sich
immerhin erahnen. Als besonderer Fall sind die Besitzer des Rentengutes mit
der Nummer 61 in Ridders zu nennen: Wohl aufgrund der Angelegenheit um
eine noch nicht beglichene Roggenausgleichsschuld verweigerten die Brüder
Otto und Wilhelm Lüders[277] ihre Unterschrift unter den Schlussrezess.[278]

---

274 SCHÄFER (Hrsg.): 1920 bis 1929, S. 198.
275 O. N.: Was ging im Siedlungsgebiet Lockstedter Lager vor? Korruption? Untreue?,
      Itzehoe [1928]. – Siehe auch LASH, Abt. 320.18, Nr. 2073, Bericht des 17. Aus-
      schusses (Landwirtschaftliches Siedlungswesen und Pachtschutzfragen) über die
      Eingabe Tgb. II. Nr. 4419 des Siedlerbundes Lockstedter Lager, 1928.
276 LASH, Abt. 320.18, Nr. 3847, Bl. 78–122: Bericht einer vom Landwirtschaftli-
      chen Ausschuss des Kreises Steinburg auf Ersuchen des Siedlerbunds Lockstedter
      Lager an die Landwirtschaftskammer für die Provinz Schleswig-Holstein ernann-
      ten Kommission zur Prüfung der Verhältnisse im Siedlungsgebiet des Lockstedter
      Lagers, 1928.
277 Otto Lüders/Wilhelm Lüders: Anhang, Nr. 2: „Rentengutsache Lockstedter
      Lager" (RS 61): Rentengutsbesitzer (1922–1930), lfd. Nr. 45.
278 Siehe die beiden freien Felder auf der Originalliste, die sich im Rentengutsrezess
      von 1930 befindet: LASH, Abt. 305, Nr. 6237, Bl. 583 u. 583ᵛ. – LASH, Abt.
      305, Nr. 6236, Rezessnachtrag, 1937: „Die Gebrüder und Landwirte Otto und
      Hans [Wilhelm (?)] Lüders in Lockstedter-Lager haben den in der gleichnamigen
      Rentengutsache – R. S. 61 – abgeschlossenen sogenannten Schlussrezess vom
      7.[,] 8. und 9. November 1929/5. März 1930 nicht vollzogen und damit auch
      nicht anerkannt."

II.3.3.6.6. Politische Partizipation

Die Rentengutsbesitzer waren allesamt Landwirte oder doch zumindest auf dem Truppenübungsplatz Lockstedt zwangsläufig zu solchen geworden, sofern ihre Befähigung dies zuließ. Ihre Vergangenheit, waren sie nun „Baltikumer" oder „Optanten", begleitete sie allerdings häufig noch weiter. Nicht ohne Grund gab es in den Dokumenten der 1920er-Jahre häufig eine Trennung von Soldaten- und Flüchtlingssiedlern; überhaupt wurde dem Anschein nach auf die Herkunft und die damit verbundenen Assoziationen geachtet. Wer nun argumentieren mag, dass bezogen auf die Freikorpsangehörigen die siedlungsunwilligen Mitglieder in ihren Reihen bereits 1920 oder doch in den Folgejahren das zu kultivierende Ödland längst wieder verlassen hatten und es sich bei den zurückgebliebenen ehemaligen Kämpfern um ausschließlich friedliebende bäuerliche Geschöpfe handelte, wird nicht uneingeschränkt Recht haben. Die Gesinnung lässt sich nicht per se an der Siedlung ablesen – etwa getreu dem denkbaren Motto: Wer ein Rentengut führt, verheiratet ist und eine Familie ernährt, hat seine nationale (und radikale) Einstellung abgelegt. Zitiert sei an dieser Stelle deshalb noch einmal Rudolf Mann von der Marine-Brigade „Ehrhardt", der die Bereitschaft zum Wiederauflebenlassen des militärischen Einsatzes 1921 in denkwürdige Worte kleidet:

> „Was macht man mit dem Rock? – Wir werden wieder Krieg haben, wenn die Zeit erfüllet ist. In den abgetretenen Teilen des herrlichen Deutschlands unserer Väter liegt zu viel Zündstoff verschüttet. Wir werden wieder Krieg haben, und wäre es nur gegen Polen oder irgendwo gegen rote Sturmwellen.
> Ich werde den Rock behalten und in den Schrank hängen ...
> Es sitzen Blutspritzer daran, aber keine Flecken."[279]

Welche Gedanken die Siedler jeweils in politischer Hinsicht besaßen, kann nur in den wenigsten Fällen wirklich nachvollzogen werden, da hierfür keine entsprechenden Dokumente aus eigener Feder vorliegen. Die Mitgliedschaft in der Nationalsozialistischen Deutschen Arbeiterpartei (NSDAP) und die Mitwirkung an der für Schleswig-Holstein bedeutungsvollen Landvolkbewegung mag allerdings aufzeigen, dass die beiden – durchaus konkurrierenden – Strömungen regen Zuspruch unter den Siedlern fanden.

II.3.3.6.6.1. Nationalsozialistische Deutsche Arbeiterpartei (NSDAP)

Mit dem Verweis auf die 1924 gegründete Stahlhelm-Fraktion um den im „Lager" ansässigen Herbert Selle[280] und vor dem Hintergrund der gut

---

279 MANN: Ehrhardt, S. 218.
280 Siehe zu diesem MÖLLER: Küstenregion, S. 652–655. – Zu verweisen ist darüber hinaus auch auf SCHRÖDER, Carsten: Der NS-Schulungsstandort Lockstedter Lager. Von der „Volkssportschule" zur SA-Berufsschule „Lola I",

erforschten Politikgeschichte Schleswig-Holsteins in der Weimarer Republik[281] mag der Aufstieg der NSDAP in Steinburg sowie speziell in der Landgemeinde Lockstedter Lager nicht besonders überraschen. Bereits 1925 war
die dortige Gruppe ins Leben gerufen worden,[282] zu deren Mitgliedern etwa
der Landarbeiter Heinrich Schoene[283] gehörte. Einer Liste aus dem Jahre
1935 zufolge erhielten die fünf Siedler Hermann Richter (Eintritt in die Partei: 7. November 1925; Mitgliedsnummer: 23.449), Erwin Hubert (11. Januar
1926; 27.612),[284] Georg Hägele (8. März 1926; 31.731),[285] Walter Grübner
(7. Juli 1926; 39.903)[286] und Heinrich Haack (1. Februar 1928; 74.907)[287]
das Goldene Parteiabzeichen aus Anerkennung ihrer frühen Mitgliedschaft

---

in: Informationen zur Schleswig-Holsteinischen Zeitgeschichte 37 (2000),
S. 3–26. – LASH, Abt. 309: Regierung zu Schleswig (1868–1946), Nr. 22921:
Landvolkbewegung, Bauernunruhen (1928/29), Landeskriminalpolizeistelle
Flensburg an das schleswig-holsteinische Regierungspräsidium, Flensburg,
02.04.1929: „Er [i. e. Herbert Selle] sympathisiert auch heute noch sehr stark
mit der N. S. D. A. P. Zu der am 13. ds. Mts. stattgefundenen Beisetzung des bei
den Wöhrdener Zusammenstössen zu Tode gekommenen Streibel war Selle in
Albersdorf erschienen. Nach der Beisetzung hatte er eine Rücksprache mit Hitler
und folgte er dem Führer in einem zweiten Auto."
281 HEBERLE: Landbevölkerung und Nationalsozialismus. – STOLTENBERG: Politische
Strömungen. – Für den Kreis Steinburg siehe vor allem MÖLLER: Küstenregion.
282 DOHNKE, Kay: Das „Kernland nordischer Rasse" grüßt seinen Führer. Gaugründung, ideologische Positionen, Propagandastrategien. Zur Frühgeschichte und
Etablierung der NSDAP in Schleswig-Holstein, in: Informationen zur schleswig-
holsteinischen Zeitgeschichte 50 (2008), S. 8–27, hier S. 23. Der Aufsatz erschien
bereits 1996: DERS.: Das „Kernland der nordischen Rasse grüßt seinen Führer".
Zur Frühgeschichte der NSDAP in Schleswig-Holstein und im Kreis Steinburg,
in: Steinburger Jahrbuch 40 (1996), S. 9–19.
283 Siehe zu diesem LILLA, Joachim: Statisten in Uniform. Die Mitglieder des
Reichstags 1933–1945. Ein biographisches Handbuch. Unter Einbeziehung der
völkischen und nationalsozialistischen Reichstagsabgeordneten ab Mai 1924
(Veröffentlichung der Kommission für Geschichte des Parlamentarismus und der
Politischen Parteien), Düsseldorf 2004, S. 995. – MÖLLER: Küstenregion, S. 646.
284 Erwin Hubert: Anhang, Nr. 2: „Rentengutssache Lockstedter Lager" (RS 61):
Rentengutsbesitzer (1922–1930), lfd. Nr. 63.
285 Georg Hägele: Anhang, Nr. 2: „Rentengutssache Lockstedter Lager" (RS 61):
Rentengutsbesitzer (1922–1930), lfd. Nr. 94.
286 Walter Grübner: Anhang, Nr. 2: „Rentengutssache Lockstedter Lager" (RS 61):
Rentengutsbesitzer (1922–1930), lfd. Nr. 26. – Siehe auch MÖLLER: Küstenregion, S. 555 (mit abweichendem Namen „Grüpner", abweichendem Eintritts-
datum „6.7.1926" und abweichender Mitgliedsnummer „29.903").
287 Heinrich Haack: Anhang, Nr. 2: „Rentengutssache Lockstedter Lager" (RS 61):
Rentengutsbesitzer (1922–1930), lfd. Nr. 64.

(Mitgliedernummer kleiner gleich 100.000 ohne zwischenzeitlichen Austritt) verliehen.[288]

Während der gebürtige Heidenheimer und „Baltikumer" Georg Johann Rau[289] eine Karriere in der NSDAP sowie in der Sturmabteilung (SA) erst begann, nachdem er 1924 sein Rentengut aufgegeben und die landwirtschaftliche Tätigkeit an den Nagel gehängt hatte, ist allen voran der aus Grabow an der Oder stammende Otto Chmiel zu nennen, der seit 1925 Parteimitglied war und in den 1930er-Jahren seine Siedlerstelle verlassen hatte.[290] Ein Schreiben des Landespolizeiamtes Berlin, das die politischen Vorgänge seinerzeit genauestens dokumentierte und von dem nationalsozialistischen Überwachungsstaat zeugt, vermerkt für Lockstedter Lager im Jahre 1929: „N. S. D. A. P. (S. A.): 30 Mitglieder. Führer ist Landmann Otto Chmiel[,] in Bücken wohnhaft. Chmiel ist gleichzeitig Führer des Sturms des Kreises Steinburg, der die Nr. 17 führt."[291] Unter den Siedlern scheinen nationale und mehr noch völkische Gedanken – und damit auch die Ideologie, die schließlich im gesteigerten Antisemitismus und im Zweiten Weltkrieg gipfelte – zunehmend mit Interesse rezipiert worden zu sein. Diese Annahme wird gestützt von einem geheimen Dokument der Landeskriminalpolizeistelle Flensburg vom 2. April 1929: „Es ist einwandfrei festgestellt worden, dass die N. S. D. A. P. und die Landvolkbewegung versuchen, ihre Ideen auch in die Gebiete Schleswig-Holsteins zu tragen, in denen sie bisher nicht vertreten waren. Die N. S. D. A. P. hat bei diesen Bemühungen fraglos mehr Glück als die Landvolkbewegung."[292]

II.3.3.6.6.2. Landvolkbewegung

Das vorstehende Zitat zur NSDAP verweist bereits unmittelbar auf die Landvolkbewegung, deren Anhänger sich als eine Organisation verstanden, die mit „Das Landvolk. Lewwer duad üs Slaav" ab 1929 eine eigene, in Itzehoe gedruckte Zeitung herausgab und sich um Wilhelm Hamkens und

---

288 LASH, Abt. 305, Nr. 6233, Liste der NSDAP-Ortsgruppe Lockstedter Lager, Lockstedter Lager, 15.05.1935.

289 Georg Johann Rau: Anhang, Nr. 2: „Rentengutssache Lockstedter Lager" (RS 61): Rentengutsbesitzer (1922–1930), lfd. Nr. 106. – Siehe auch LILLA: Statisten in Uniform, S. 846. – MÖLLER: Küstenregion, S. 628.

290 Otto Chmiel: Anhang, Nr. 2: „Rentengutssache Lockstedter Lager" (RS 61): Rentengutsbesitzer (1922–1930), lfd. Nr. 60. – Siehe auch MÖLLER: Küstenregion, S. 529.

291 LASH, Abt. 309, Nr. 22921, Schreiben des Landespolizeiamtes Berlin, Itzehoe, 28.03.1929.

292 Ebd., Landeskriminalpolizeistelle Flensburg an das schleswig-holsteinische Regierungspräsidium, Flensburg, 02.04.1929.

Claus Heim sowie um die Brüder Bruno und Ernst von Salomon gruppierte –
und dabei radikalen Widerstand als eine durchaus legitime Waffe ersah.[293]
Wenngleich heute vielfach Landvolkbewegung und NSDAP in einem Atem-
zug angeführt werden, so dürfen diese bei allen inhaltlichen Überschneidungen nicht einfach vermengt werden. Ein involvierter Zeitgenosse brachte
den hauptsächlichen Unterschied auf den Punkt, indem er äußerte, dass die
Landvolkbewegung „absolut völkisch" sei, dass diese „aber trotzdem mit
anderen völkischen Parteien (mit der N. S. D. A. P., mit dem Tannenberg-
bund usw.) absolut nichts gemein" habe, da dort „alle Berufsgruppen" vorhanden seien, „während die Landvolkbewegung ein loser Zusammenschluss
einer einzigen Berufsgruppe" sei.[294]

Liefen die Bewegungen später im Reichsnährstand[295] und in der „Blut und
Boden"-Politik[296] sowie der Propagierung des Kleinbauerntums gewissermaßen zusammen, müssen die NSDAP und die Landvolkbewegung zwischen
1928 und 1930 vielmehr als Opponenten betrachtet werden. Dass sich einige
Landwirte der originär katholischen Partei aus dem tiefen Süden relativ kri-
tiklos anschlossen, verstanden viele Beobachter nicht: „Die hiesige Landbevölkerung kann der N. S. D. A. P. im allgemeinen leicht abspenstig gemacht

---

293 Für die Landvolkbewegung sei speziell verwiesen auf OTTO-MORRIS, Alexander: Rebellion in the Province. The Landvolkbewegung and the Rise of National Socialism in Schleswig-Holstein (Kieler Werkstücke, Reihe A: Beiträge
zur schleswig-holsteinischen und skandinavischen Geschichte, Bd. 36), Frankfurt a. M. 2013. – DERS.: „Bauer, wahre dein Recht!" Landvolkbewegung und
Nationalsozialismus 1928/30, in: Informationen zur Schleswig-Holsteinischen
Zeitgeschichte 50 (2009), S. 54–73. – WERNER, Nils: Die Prozesse gegen die
Landvolkbewegung in Schleswig-Holstein 1929/32. Ein Beitrag zur Justizkritik
in der späten Weimarer Republik (Rechtshistorische Reihe, Bd. 249), Frankfurt
a. M. 2001. – Siehe mit historischem Rückbezug für die aktuellen Entwicklungen
des landwirtschaftlichen Protestes EDELMANN, Heidrun: Nur wer die Geschichte
kennt, versteht die Gegenwart. Blick einer Historikerin auf die Landvolkbewegung und die Entstehung eines Symbols, in: Bauernblatt Schleswig-Holstein und
Hamburg. Organ der Landwirtschaftskammer Schleswig-Holstein (Landpost)
74 (2020), Nr. 26, S. 14–16. – OCKER: Landwirtschaft in Ostholstein, S. 83 f. u.
102 f. – STÜBEN, Heike: Umstrittener Protest. Bauern stellen Landvolk-Symbol
nach, in: Kieler Nachrichten (15.06.2020), S. 12.

294 LASH, Abt. 309, Nr. 22921, Landeskriminalpolizeistelle Flensburg an das
schleswig-holsteinische Regierungspräsidium, Flensburg, 02.04.1929.

295 Gesetz über den vorläufigen Aufbau des Reichsnährstandes und Maßnahmen zur
Markt- und Preisregelung für landwirtschaftliche Erzeugnisse, in: Reichsgesetzblatt, Teil 1 (1933), Nr. 99, S. 626 f.

296 Wiederholt findet sich der Begriff im Kontext der Landvolkbewegung vor allem
bei VOLCK: Rebellen um Ehre (etwa S. 301, 304 u. 306).

werden. Leider geschieht aber sehr wenig nach dieser Richtung hin."[297] Die besonders in Nordfriesland, Dithmarschen und Steinburg und somit an der schleswig-holsteinischen Westküste präsente Landvolkbewegung mit ihrem Protest gegen die seinerzeitige Agrarökonomie und die politischen Rahmenbedingungen – konkret ging es beispielsweise um die Verschuldung der Höfe und die daraus resultierende Notlage für das Personal – fand ab 1928 rasch viele Anhänger; neben Hamkens und Heim war etwa auch Otto Johannsen aus Büsum engagiert, der als Sympathisant der Bewegung im Februar 1929 nicht zufällig Vorsitzender der schleswig-holsteinischen Landwirtschaftskammer, die wiederum 1933 aufgelöst und in die Landesbauernschaft überführt wurde.[298]

Im Lockstedter Siedlungsgebiet ließen sich viele Rentengutsbesitzer in ihrer wirtschaftlichen Schieflage für die landwirtschaftliche Bewegung und die zeitgenössisch als „Willenskundgebung zur Selbsthilfe!" bezeichnete Parole begeistern.[299] Zu diesen gehörte Alfred Matthes, der – wie übrigens die meisten Unterstützer – kein Mitglied der NSDAP war, wiewohl seine Äußerungen dies eben nahelegen könnten. Im Jahre 1928 schilderte der ehemalige „Baltikumer" auf zweieinhalb Seiten sein Schicksal beginnend beim Einsatz im Baltikum mit dem Landversprechen über die mühsamen Kultivierungsarbeiten bis zur als unwürdig beschriebenen gegenwärtigen Situation. Matthes resümierte:

> „Ein Teil der Schuld an unserer Not hat auch die traurige Wirtschaftslage, die im ganzen deutschen Vaterland Platz gegriffen hat. Wie soll denn nun ein Ausweg gefunden werden, wo man uns hier so leichtfertig hingesetzt hat? Wir mussten unsere sauer ersparten Mittel hergeben, um Stall, Abort usw. zu errichten. Dazu sind die Preise für die Wiesen viel zu hoch gesetzt, denn sie sind unbrauchbar. Wir haben allerdings von dem Preis mehrere Zentner Roggen abhandeln können und wir haben mit dem jetzt verstorbenen Siedlungsdirektor Trautmann und bei Vermessungsrat Schneider gehandelt[,] als wenn wir mit Juden handelten."[300]

---

297 LASH, Abt. 309, Nr. 22921, Landeskriminalpolizeistelle Flensburg an das schleswig-holsteinische Regierungspräsidium, Flensburg, 02.04.1929.

298 Siehe die ältere, aber immer noch grundlegende Studie zur schleswig-holsteinischen Landwirtschaftskammer von THYSSEN, Thyge: Bauer und Standesvertretung. Werden und Wirken des Bauerntums in Schleswig-Holstein seit der Agrarreform (Quellen und Forschungen zur Geschichte Schleswig-Holsteins, Bd. 37), Neumünster 1958.

299 OTTO-MORRIS: Landvolkbewegung und Nationalsozialismus, S. 59.

300 LASH, Abt. 320.18, Nr. 3847, Bl. 78–122: Bericht einer vom Landwirtschaftlichen Ausschuss des Kreises Steinburg auf Ersuchen des Siedlerbunds Lockstedter Lager an die Landwirtschaftskammer für die Provinz Schleswig-Holstein ernannten Kommission zur Prüfung der Verhältnisse im Siedlungsgebiet des Lockstedter Lagers, 1928, hier Bl. 103.

Neben den Ressentiments gegenüber der jüdischen Bevölkerung, wie sie
für zahlreiche Zeitgenossen festzustellen sind,[301] beließ es der Siedler Matthes
aber nicht bei den kritischen und hasserfüllten Worten. Nach dem „Beiden-
flether Ochsenfeuer" vom 19. November 1928, das einen in Gewalt umge-
schlagenen Pfändungsakt im Kreis Steinburg meint und bezogen auf die
nachfolgenden Ereignisse als Fanal gilt,[302] beging der Siedler nachts vom 26.
auf den 27. November einen Bombenanschlag auf das Haus des Amtsvorstehers in Beidenfleth, worüber etwa die „Altonaer Nachrichten" berichteten:

> „In der Nacht zum Mittwoch explodierte ein an der Fahnenstange vor dem Hause
> des Amtsvorstehers angebrachter Sprengkörper mit großem Knall. Am Amtsvor-
> steherhause wurden einige Fensterscheiben zertrümmert; die Fahnenstange ist
> gespalten. Die Täter sind wahrscheinlich im Kraftwagen entkommen. Es handelt
> sich fraglos um einen Racheakt im Zusammenhang mit den Viehpfändungen."[303]

Dass vor dem Prozess dann noch im März 1929 das Gebäude des Renten-
gutsbesitzers Chmiel in Flammen aufging[304] – in diesem Zusammenhang
sei nochmals an dessen NSDAP-Posten erinnert –, wird vermutlich kein
Zufall gewesen sein, ohne dass zum Sachverhalt allerdings bei den derzeit
vorliegenden Materialien eine genauere Einordnung gegeben werden kann.
Im Vergleich mit der NSDAP hielt die Landeskriminalpolizeistelle Flensburg am 28. März 1929 zur Größe der Landvolkbewegung in Lockstedter
Lager fest: „‚Landvolk': 30 Mitglieder, Vertrauensmann Siedler Mathes
[sic], Lockstedter Lager, Ortsteil Ridders wohnhaft."[305] Nachdem es im Mai

---

301 Siehe beispielsweise auch BOLTEN, Theodor: Chronik der Landgemeinde Wewels-
     fleth, Itzehoe 1941, S. 40: „Die Folgen des Versailler Schandvertrages von 1919,
     der Deutschland in Fesseln und Knechtschaft gefangen hielt, machten sich in
     ihrer ganzen Schwere fühlbar. Juden und Freimaurertum konnten ungestört ihre
     schmutzigen Geschäfte machen."

302 OTTO-MORRIS: Landvolkbewegung und Nationalsozialismus, S. 58 (mit Abb.
     auf S. 59).

303 O. N.: Attentatsversuche auf Amts- und Gemeindevorsteher. Die Itzehoer
     Drohungen werden wahrgemacht, in: Altonaer Nachrichten (30.11.1928),
     o. S. – Siehe dazu KUROPKA, Joachim: Radikale im ländlichen Raum. Zur Land-
     volkbewegung 1928 bis 1933, in: KÜRSCHNER, Wilfried (Hrsg.): Der ländliche
     Raum. Politik – Wirtschaft – Gesellschaft (Vechtaer Universitätsschriften, Bd.
     38), Berlin 2017, S. 143–152, hier S. 148.

304 „In Bezug auf den Brand in Bücken wird vermutet, dass es sich um Brandstif-
     tung handelt, da der Brand nachts ausbrach und das Gebäude sofort an allen
     Ecken brannte. Die Polizei hat die Ermittlungen zur Entstehungsursache des
     Brandes an dem Gebäude des Siedlers Chmiel aufgenommen." Zit. n. SCHÄFER
     (Hrsg.): 1920–1929, S. 234.

305 LASH, Abt. 309, Nr. 22921, Schreiben des Landespolizeiamtes Berlin, Itzehoe,
     28.03.1929.

1929 zu einem weiteren Anschlag – dieses Mal mit einem Sprengsatz auf das Steinburger Landratsamt in Itzehoe und ohne Matthes' direkte Beteiligung – gekommen war,[306] wurde der Rentengutsbesitzer im Zuge ausgedehnter Ermittlungen im September gefasst,[307] um vermutlich aber erst einmal auf freien Fuß gesetzt zu werden. Denn vor den Gerichtsverhandlungen unterzeichnete Matthes im November nachweislich den Schlussrezess in der Landgemeinde Lockstedter Lager,[308] um sein Rentengut im Dezember auch schon wieder zu veräußern.[309] Im „Großen Bombenlegerprozess" vor dem Schwurgericht in Altona wurde der radikale Landwirt am 31. Oktober 1930 dann lediglich zu einer Geldstrafe in Höhe von 50 Reichsmark verurteilt.[310] Dass der Altonaer Prozess auch überregional wahrgenommen wurde, zeigt der Blick auf die sächsische Berichterstattung. So führten die „Dresdner Nachrichten" auf ihrer Titelseite hinsichtlich des (niedrigen) Strafmaßes mit Bezug auf das Sprengstoffgesetz aus:

„§ 5 setzt voraus, daß die Täter gewußt haben, welche Sprengstoffe sie anwendeten, und das war bei Heim, Volck und Rathjen bestimmt der Fall. Ob sie aber bei den Anschlägen von 1928 den ausführenden Tätern gesagt haben, daß die Bomben Sprengstoffe im Sinne des Gesetzes enthielten, ist nicht erwiesen. Deshalb konnte bei diesen, den eigentlichen Bombenlegern, keine Verurteilung aus § 5 erfolgen. Weschke und Matthes wurden lediglich der fahrlässigen Körperverletzung, begangen gegen die Frau des Amtsvorstehers Mahlstedt in Beidenfleth[,] für schuldig befunden, Weschke außerdem der Eidesverletzung. Die Anschläge des Jahres 1929 lassen überhaupt keinen Zweifel, daß alle Beteiligten genau wußten, was sie taten, und daß sie die Absicht hatten, Schaden anzurichten."[311]

Die Begründung erscheint doch zumindest zweifelhaft. Mit dem Prozess fand die Landvolkbewegung immerhin ein vorläufiges Ende, weshalb sich trotz aller Unterschiede nicht wenige (verurteilte) Sympathisanten gerade vor dem Hintergrund einer frühzeitigen Amnestie seitens des nationalsozialistischen

---

306 ENGEL-BASELER, Ute: Itzehoe zur Zeit der Weimarer Republik, in: STADT ITZE-
     HOE (Hrsg.): Itzehoe. Geschichte einer Stadt in Schleswig-Holstein, Bd. 2: Von
     1814 bis zur Gegenwart, Itzehoe 1991, S. 269–286, hier S. 280–283 (mit Abb.
     auf S. 275).
307 O. N.: In Altona 23 Haftbefehle. Hauptgebiet der Bombenattentäter in Hol-
     stein. Die Landvolkbewegung schwer belastet, in: Dresdner Nachrichten
     (16.09.1929), S. 1.
308 LASH, Abt. 305, Nr. 6237, Bl. 586.
309 „Der von der Bombenaffäre her bekannte Siedler Matthe [sic] in Neu-Bücken
     verkaufte seine Siedlung an den Landwirt Senne in Lockstedter Lager. Der Kauf-
     preis ist unbekannt." Zit. n. SCHÄFER (Hrsg.): 1920 bis 1929, S. 250.
310 VOLCK: Rebellen um Ehre, S. 453, gibt den (ehemaligen) Siedler als „Metthes" an.
311 O. N.: Schwere Zuchthausstrafen für die Bombenleger, in: Dresdner Nachrichten
     (01.11.1930), S. 1.

Regimes fortan der NSDAP und ihrer Ideologie anschlossen, wie Alexander Otto-Morris präzise zusammenfasst.[312] Was indes mit Matthes geschah, ist hingegen unklar.[313] Erst im Kontext der „Sanierungssache Lockstedter Lager" begegnet er 1936 nochmals in einem Dokument, das ihn als schwierige Causa ausweist, ehe sich seine Spur verliert.[314]

II.3.4. (Über-)regionale Berichterstattung

Wie in der Studie immer wieder gezeigt werden konnte, handelte es sich bei RS 61 nicht um eine beliebige Kleinstsiedlung, derer es zahlreiche in Schleswig-Holstein, in Preußen und im Reich gab, sondern um ein Kultivierungsprojekt von stattlicher Größe. Dieser Umstand führte dazu, dass die landwirtschaftliche Besiedlung vor Ort nicht nur in der Region, sondern auch weit darüber hinaus wahrgenommen und verschiedentlich beurteilt wurde. Das im späten 19. und beginnenden 20. Jahrhundert am Truppenübungsplatz des IX. Armeekorps gezeigte Interesse übertrug sich auch auf die agrarische Kolonisation in der Weimarer Republik. So begleitete die hiesige Presse, bei der die „Itzehoer Nachrichten" mit der (unkritischen) Edition von Schäfer sowie der bislang nur in Ansätzen ausgewertete „Nordische Kurier" zu nennen sind, die Entwicklung von 1920 bis 1930. Neben den beiden bedeutenden Steinburger Tageszeitungen war RS 61 jedoch zudem Gegenstand der überregionalen Berichterstattung; Aufsätze in Zeitschriften und Ausführungen in Dissertationen, Monographien sowie Sammelbänden komplettieren das Bild, von dem im Folgenden lediglich ein paar kleinere Mosaiksteine präsentiert werden können.

---

312 OTTO-MORRIS: Landvolkbewegung und Nationalsozialismus, S. 71: „Es scheint daher nachvollziehbar, dass die Führer und Vertrauensmänner des Landvolks der NSDAP – wenn überhaupt – nur zögerlich beitraten. Von einer Opposition der Landvolkbewegung gegen die NSDAP kann dennoch nicht gesprochen werden. Besonders das eine Ziel des Landvolks, ein autoritäres System anstelle der Weimarer Republik zu etablieren, erfüllten die Nationalsozialisten einwandfrei."

313 MÖLLER: Küstenregion, S. 605, liefert für Matthes lediglich Angaben bis 1929, sodass nicht einmal der Prozessausgang mit der auferlegten Geldstrafe geschildert wird.

314 LASH, Abt. 305, Nr. 6233, Vermerk des Kulturamtes Heide, Itzehoe, 11.02.1936: „Matthes hat an Luise Senne und Ehemann verkauft. Das Grundstück ist aber noch nicht an die Käufer aufgelassen worden, da Matthes Schwierigkeiten macht. Mathhes [sic] ist Baltikumkämpfer und hat eine sogen. Vorbesitzerforderung von ca. 10.000,– RM. Er hat also gut verkauft und verlangt jetzt, daß im Sanierungsverfahren der volle Betrag ausbezaht wird. Der Reichsnährstand empfiehlt daher, zur Zwangsversteigerung der Stelle zu schreiten, evtl. dadurch daß vorher der Antrag auf Aberkennung der Erbhofeigenschaft auf Grund des § 10 des Reichserbhofgesetzes gestellt wird."

Mit der programmatischen Überschrift „Neue Deutschritter" veröffentlichte Thomas Hübbe am 1. August 1920 in den „Hamburger Nachrichten" einen ganzseitigen und mit vier Abbildungen versehenen Beitrag zu dem „fleißige[n] Friedensschaffen" auf dem Siedlungsgelände.[315] Die heroisch beschriebenen „Baltikumer" würden auf dem ehemaligen Truppenübungsplatz, getragen von einem „[u]nverfälschte[n] völkische[n] Idealismus", bedeutende Leistungen erbringen, wie Hübbe durchgängig ausführt. Bei der Lektüre erscheint vor dem geistigen Auge der auf dem Notgeldschein von 1921 gezeigte Siedler: „Sehnige Gestalten in denkbar anspruchsloser Gewandung ziehen lang ausschreitend hinter dem Pfluggespann über die Felder [...]." Mit größtem Pathos werden die Tätigkeiten der „inneren Kolonisation" geschildert, ohne dass der Autor sein völkisches Denken zu verschleiern sucht, wenn es etwa um die Bezeichnung für die Siedler und ihren Zusammenschluss geht: „Das Ganze nennt sich: ‚Soldaten-Siedlungs-Verband Holstein'. Das ist mir zu lang; ich bleibe bei den ‚Deutschrittern', denn das sind sie." Hübbe instrumentalisiert und mythifiziert die Freikorpsangehörigen, nicht zuletzt indem er den Männern, die auf den Bildern bei der Arbeit – dabei teilweise oberkörperfrei – gezeigt werden, diesen „Ehrennamen" mit höchster Anerkennung verleiht und keinen Zweifel am Siedlungsvorhaben aufkommen lässt.

Begleitet von einigen wenigen und recht neutral gehaltenen Worten wurde den potenziellen Rentengutsbesitzern am 1. August zudem eine Seite in den „Zeitbildern", einer Beilage der in Berlin ansässigen „Vossischen Zeitung", gewidmet.[316] Die Illustrationen zeigen die Siedler bei der „Reinigung der Entwässerungskanäle", während der „Ruhepause beim Pflügen" und als „Tierzüchter". Geprägt von den Komponenten Arbeit und Idyll – man mag zu Recht erneut an den Notgeldschein und die Aufschrift „Arbeit | Friede | Brot" denken – sind auch die Titelblätter des „Illustrierten Blattes" aus Frankfurt am Main vom 3. August[317] sowie der „Wochenschau" aus Essen vom 7. August.[318] Jeweils mit freiem Oberkörper sind die Siedler einmal mit Schaufeln auf dem Weg von den Baracken zum Einsatzgebiet und einmal mit Pfeifen neben dem Pflug bei der Pause auf dem Feld dargestellt.

Mit dem Beitrag „Das Soldatensiedelungswerk in Holstein" schaffte Heinrich Schürmann[319] als vielschreibender Stellvertreter für alle seine Kameraden

---

315 HÜBBE, Thomas: Neue Deutschritter, in: Hamburger Nachrichten (01.08.1920), o. S. (dort finden sich auch die nachstehenden Zitate).
316 Zeitbilder. Beilage zur Vossischen Zeitung (01.08.1920).
317 Das Illustrierte Blatt (03.08.1920).
318 Die Wochenschau (07.08.1920).
319 Heinrich Schürmann: Anhang, Nr. 2: „Rentengutssache Lockstedter Lager" (RS 61): Rentengutsbesitzer (1922–1930), lfd. Nr. 39.

der SSG „Thorensberg" den Sprung in die zum ersten Siedlerweihnachtsfest
am 24. Dezember erschienene Fachzeitschrift „Der Soldatensiedler. Organ
des Hannoverschen Siedlerbundes". Darin erzählt er die Geschichte derer,
die nach dem „Gewaltfrieden" als „Kämpfer gegen die Bolschewistenflut"
für ihren Einsatz im „alte[n] Ordensland Kurland" Landbesitz erhalten sollten, doch aufgrund der weiteren politischen Ereignisse vielfach in den „erbit-
tertsten Kämpfe[n]" um Riga keine neue Heimat, sondern „lediglich einige
Schollen Erde, die sie zur kühlen Grabesruhe betteten", fanden.[320] Von den
kargen Verhältnissen der zukünftigen Wohn- und Arbeitsstätte in Holstein
zeugen die beiden abgedruckten Bilder, die den Blick in eine Baracke und auf
die mit Arbeitsgeräten ausgestatteten Siedler – „die Halbnackten arbeiten
in den Wassergräben u. verschlammten Bächen" – gewähren. In der Folgezeit verfasste Schürmann weitere Artikel für Zeitungen und Zeitschriften, in
denen er wie etwa 1924 in „Siedlung und Pachtung. Wochenschrift für die
gesamten Interessen der Siedler, Pächter und Kleinbauern" über den Fortgang von RS 61 berichtete.[321]

Auch Personen mit ausgewiesener wissenschaftlicher Expertise nahmen
sich des Themas an, wie beispielsweise der 1923 in der „Deutschen Allgemeinen Zeitung" publizierte Beitrag „Die Besiedlung des Lockstedter
Truppenübungsplatzes" aus der Feder des Volkswirtes Otto Auhagen verdeutlichen mag. Der versierte Autor, der als Professor an der Landwirtschaftlichen Hochschule in Berlin lehrte, erklärt darin die verschiedenen
Etappen und das Ziel, „aus kampflustigen Kriegern friedsame Bauern zu
machen".[322] Die „achtunggebietende Leistung" werde von Personen durchgeführt, „die sich vor der harten Arbeit des Landmanns, obgleich sie sie kennen, nicht scheuen". Das positive Fazit kommt sodann nicht überraschend,
wenn Auhagen voller Stolz vermeldet: „So ist ein Werk entstanden, das jeden
Vaterlandsfreund, mag er links oder rechts stehen, mit Freude erfüllen muß."
Ganz ähnlich klingt dies übrigens bei dem im Lockstedter Lager angestellten
Lehrer Hassold, der im dritten Band des „Heimatbuches des Kreises Steinburg" von 1926 – wenigstens mit Verweis auf die Herausforderungen – fest-
hält: „So ist in den Jahren größter deutscher Not ein bedeutsames Kulturwerk

320 Schürmann, Heinrich: Das Soldatensiedelungswerk in Holstein, in: Der Solda-
    tensiedler. Organ des Hannoverschen Siedlerbundes (1920), Nr. 4, S. 23 f., hier
    S. 23 (dort findet sich auch das nachstehende Zitat).
321 Ders.: Die Entwicklung der Siedlungen des Lockstedter Lagers, in: Siedlung und
    Pachtung. Wochenschrift für die gesamten Interessen der Siedler, Pächter und
    Kleinbauern 1 (1924), Nr. 3/4, S. 2.
322 Auhagen, Otto: Die Besiedlung des Lockstedter Truppenübungsplatzes, in: Deut-
    sche Allgemeine Zeitung (27.07.1923), o. S. (dort finden sich auch die nachste-
    henden Zitate).

vollbracht worden, und über 100 deutsche Familien haben ein eigenes Heim und eine Stätte eigenen Schaffens erhalten; trotz schweren Anfangs hoffentlich für die Dauer."[323] RS 61 habe das (landschaftliche) Erscheinungsbild des Truppenübungsplatzes grundlegend verändert und eine „Umwälzung" herbeigeführt, wie einige Jahre später auch Heinrich Hinsch in seiner Broschüre bilanziert.[324]

Fast hätte man meinen können, dass es in den zeitgenössischen Darstellungen wenig bis gar keine Kritik gab. Während dieser Eindruck tatsächlich für die meisten Schriften gelten kann, liegt mit dem 1929 vorgelegten Buch der Landwirtschaftskammer für die Provinz Schleswig-Holstein eine deshalb besonders auffällige Ausnahme vor. Im Kapitel zur „Tätigkeit der Landwirtschaftskammer auf wirtschaftlichem Gebiet" spricht sich die berufsständische Organisation anstelle der „Schaffung von staatlichen Domänen in größerer Zahl" vielmehr für einen „festgefügte[n] Wall bäuerlicher Betriebe"[325] aus, um im Weiteren auszuführen:

> „Die Erhaltung dieser gesunden Besitzverteilung ist aber nicht nur durch Maßnahmen der Siedlung möglich, die bei zwangsweiser Beschaffung des Siedlungslandes nur Verbitterung unter den von der Enteignung Betroffenen hervorrufen und, besonders unter den schwierigen wirtschaftlichen Verhältnissen der Gegenwart, zur Kritik Anlaß geben. Es sei nur an die viel umstrittenen Siedlungen in Lentföhrden und Lockstedter Lager erinnert."[326]

Um die konträre Position verstehen zu können, sei in diesem Zusammenhang daran erinnert, dass die Landwirtschaftskammer Mitgesellschafterin der Schleswig-Holsteinischen Höfebank war, die seinerzeit an dem Siedlungsprojekt Interesse bekundet hatte. Der Kapp-Lüttwitz-Putsch durchkreuzte allerdings die Pläne; an der besonderen Form einer Soldatensiedlung habe man schließlich aber auch gar keinen Gefallen finden können. In den Zeilen schlägt sich somit – neben tatsächlicher und vielleicht sogar berechtigter Kritik – zweifelsohne Verbitterung nieder. Der achtseitige Werbetext zum „Siedlungswerk der Schleswig-Holsteinischen Höfebank zu Kiel" im selben Band hebt selbstredend die zahlreichen eigenen Kultivierungsprojekte stets als Erfolg hervor.[327]

---

323 HASSOLD, H.: Lockstedter Lager, in: HEIMATBUCH-KOMMISSION (Hrsg.): Heimatbuch des Kreises Steinburg, Bd. 3, Glückstadt 1926, S. 308–315, hier S. 315.
324 HINSCH: Lockstedter Lager, S. 24.
325 LANDWIRTSCHAFTSKAMMER FÜR DIE PROVINZ SCHLESWIG-HOLSTEIN: Die Landwirtschaftskammer für die Provinz Schleswig-Holstein. Werdegang und Entwicklung in den Jahren 1896–1929 (Sonderwerksreihe über die deutschen Landwirtschaftskammern, Bd. 1), Kiel ²1929, S. 37.
326 Ebd.
327 Ebd., S. 153–160.

Die mit Abstand differenzierteste Darstellung der Siedlung legte zweifelsohne Wilhelm Boyens im Jahre 1929 mit seiner immerhin in Fachkreisen
rezipierten Dissertation vor, in der er die „innere Kolonisation" in Schleswig-
Holstein anhand der Beispiele von RS 61 und Hardebek, einem Projekt der
Höfebank, thematisiert. Wenngleich vor allem mit Bezug auf das deutsch-
dänische Grenzgebiet ein völkisches Denken offen zu Tage tritt,[328] ist die
wissenschaftliche Analyse im Ganzen und hinsichtlich des Verhältnisses vom
Kulturamt Heide zur Höfebank im Speziellen doch recht wertneutral formuliert. Während die Erfolge der von anderen Autoren nicht selten glorifizier-
ten Soldatensiedler oder „Baltikumer" – diesen Terminus gebraucht Boyens
übrigens nicht; auf die Freikorpsvergangenheit geht er ebenso wenig ein –
zwar durchaus erwähnt werden, ist der Landwirtssohn um eine realistische
Einschätzung bemüht. Sowohl bei den Personen als auch bei den Gebäuden,
den Ländereien und der wirtschaftlichen Situation generell beschreibt Boyens nüchtern die Lage, um in einem zweiten Schritt die Probleme klar zu
benennen. Bei allen Potenzialen, die RS 61 bei konsequenter Weiterführung
habe, resümiert er – vor Unterzeichnung des Schlussrezesses, wie nochmals
hervorgehoben sei – verhalten: „Jedenfalls wäre aber der Versuch des Staates, auch unbemittelten Teilen des Volkes zur Ansiedlung zu verhelfen, eher
gelungen, wenn die Besiedlung bis 1923 durchgeführt wäre, wie dies das
Beispiel Hardebeks zeigt."[329]
Abschließend und in Vorgriff auf die noch eigens beleuchtete Rezeptions-
geschichte sei angemerkt: Die lokale Berichterstattung ist der positiven Einschätzung der 1920er-Jahre bis heute weitgehend treu geblieben und wertet
das nach und nach verklärte Siedlungsprojekt ohne eine genauere Betrachtung zumeist als bedeutenden Erfolg. In überregionalen Kontexten ist RS 61
indes fast gänzlich vergessen und spielt – im Unterschied etwa zur Militär-
historie des Truppenübungsplatzes Lockstedt – in der Literatur keine bedeutende Rolle mehr.

---

328 BOYENS: Bedeutung und Stand, S. 109: „Der große Verlust an deutschem Volks-
     boden in der Nordmark nach dem Kriege stellt die Erhaltung des deutschen
     Volkstums ernstlich in Frage. Ihm kann deutscherseits durch die Stärkung der den
     Bodenkampf führenden Organisation begegnet werden, die soweit gehen muß,
     daß neben der Erhaltung des Bestandes die Seßhaftmachung sich zum Deutsch-
     tum bekennender Nordschleswiger ermöglicht wird."
329 Ebd., S. 61. – Siehe zu Hardebek und der dortigen landwirtschaftlichen Besied-
     lung als Teil der facettenreichen Ortshistorie, die im Übrigen interessante Paralle-
     len zur Hohenlockstedter Geschichte aufweist, den Beitrag von FELGENDREHER,
     Jutta: Hardebek in Vergangenheit und Gegenwart, in: Heimatkundliches Jahr-
     buch für den Kreis Segeberg 27 (1981), S. 83–109, bes. S. 105–107.

III. „Rentengutssache Lockstedter Lager" (RS 61): Nachbetrachtung

Auf einstigem Ödland, das nach dem Deutsch-Französischen Krieg zunehmend militärisch genutzt und Ende des 19. Jahrhunderts sodann Truppenübungsplatz des IX. Armeekorps wurde, begann 1920 auf dem weiträumigen Areal der Lockstedter Heide eine landwirtschaftliche Kultivierung im Rentengutsverfahren, die im Freistaat Preußen zwar per se keine Besonderheit darstellte, aufgrund der Soldatensiedler – der „Baltikumer" – allerdings sehr wohl ein Alleinstellungsmerkmal hatte. Bis dato unbearbeitetes Terrain sollte binnen weniger Jahre von zumeist ungeschultem Personal in der Aussicht auf eine eigene Heimstätte urbar gemacht werden. Das nicht zuletzt der ganz unterschiedlichen Akteure von der lokalen bis zur Reichsebene wegen komplexe Siedlungsprojekt kannte dabei gleichermaßen Erfolg und Misserfolg und war für viele Personen die Chance auf einen neuen Lebensabschnitt oder aber auch nur die Zwischenstation auf dem Weg zu einer Karriere an anderer Stelle.

III.1. Arbeit, Friede, Brot? Fazit

Mit seinem Credo „Durch Arbeit zur Siedlung" prägte Hauptmann Detlef Schmude das von militärischen Kreisen durchgeführte Bauwesen nach dem Ersten Weltkrieg. Nicht grundlos findet sich der Begriff „Arbeit" sodann auf dem von der erst im Entstehen begriffenen Gemeinde Lockstedter Lager 1921 ausgegebenen Notgeldschein wieder, um dort gemeinsam mit „Friede" und „Brot" eine Einheit markanter Schlagworte zu bilden. Im Jahre 1921 befand sich die agrarische Kultivierung des Truppenübungsplatzes Lockstedt am Anfang, ohne dass zu diesem Zeitpunkt nur im Entferntesten an einen zumal erfolgreichen Abschluss zu denken gewesen wäre, weshalb die drei gewählten Ausdrücke vielmehr als Marschroute für den Fortgang der Arbeiten zu verstehen sind und gleichsam als Resümee mit der tatsächlichen Situation verglichen werden können.

III.1.1. Wie stand es um die Arbeit?

Die 1930 im wörtlichen Sinne besiegelte „Rentengutssache Lockstedter Lager" wäre ohne intensive Arbeit keineswegs denkbar gewesen. Die auf dem Übungsplatz eingetroffenen Soldaten fanden ein militärisch aufgegebenes Gebiet vor, das über keine Gehöfte und keine bewirtschafteten Ländereien verfügte, ergo in dieser Form völlig unbrauchbar für die Landwirtschaft war. Dass es viele Männer, vor allem Offiziere, nicht besonders lange auf den Äckern, die erst nach und nach überhaupt als solche bezeichnet werden konnten, aushielten, verwundert ob der fehlenden agrarischen Vorbildung keineswegs. Denn – mit Bezug auf Friedrich Kuhlmann und die landwirtschaftliche Standorttheorie – stellt die Eignung des Siedlers neben den übrigen Faktoren eine Kernkomponente dar. Schließlich lässt sich festhalten: Wer sich auf die Arbeit und die entbehrungsreichen Jahre eingelassen hat, ist hierfür mit einem Gehöft und landwirtschaftlichen Flächen belohnt worden. Gerade der häufige Besitzerwechsel während der 1920er-Jahre zeigt jedoch zugleich, dass der Erfolg nicht immer von Dauer war – und andere Siedler nachrückten, die es besser verstanden, die Arbeit fortzusetzen.

III.1.2. Wie stand es um den Frieden?

Die Ankunft der gerade aus ihren Verbänden entlassenen Freikorpsangehörigen beäugte die Steinburger Bevölkerung zunächst sehr misstrauisch, sofern man entsprechend verkündeten Berichten glauben darf, die in jedem Falle aber als authentisch zu betrachten sind. Während das baltische Abenteuerland vor allem einen unbegrenzten Handlungsspielraum im zweifachen Sinne bedeutete, gab es im mittelholsteinischen Ödland nun wieder feste Regeln, die trotz der Schaffung eingetragener Soldatensiedlungsgemeinschaften auf eine Entmilitarisierung und Entradikalisierung abzielten, wie die potenziellen Siedler schnell erkennen mussten. Die Arbeit wurde dabei als wesentlicher Bestandteil gesehen – nicht wenige Personen wollten diesen Weg nicht mitgehen, um ihre militärischen Aktivitäten an anderen Orten fortzusetzen. Als mit den Umsiedlern aus Polen eine größere Gruppe anderer Siedler zum Kultivierungsprojekt hinzustieß und infolge des wiederholten Besitzerwechsels weitere neue Siedler ankamen, änderte sich auch allmählich das vordem raue Klima, wie es 1920/21 geherrscht hatte. Wirtschaftliche Unzufriedenheit und ein vielleicht besonders ausgeprägter deutschnationaler Nährboden, wie dieser für die „Baltikumer" und die „Optanten" nachweisbar ist, mögen dann wiederum den Zuspruch sowohl zur NSDAP als auch zur Landvolkbewegung erklären. Es wäre bei dem Gesamturteil über die Siedler – etwa mit Fokus auf Alfred Matthes und den Bombenanschlag in Beidenfleth – jedoch falsch, diesen Ort per se als besonders extreme, unfriedvolle Landgemeinde der späten 1920er-Jahren einzustufen, da dies den allgemeinen politischen Kontext in Steinburg seinerzeit außer Acht ließe.[330]

---

330 Siehe zu Steinburg in der Weimarer Republik mit den politischen Vorgängen MÖLLER: Küstenregion, S. 255–498.

III.1.3. Wie stand es um das Brot?

Nachdem im Jahre 1921 zum ersten Mal eine Ernte auf den bis zu diesem Zeitpunkt kultivierten Feldern eingefahren werden konnte, fielen die Erträge an Roggen, Hafer und Kartoffeln bis zum Ende des Jahrzehnts recht gut aus, womit das versorgungstechnische Auskommen gesichert war. Fasst man „Brot" hingegen als Abstraktum in der Bedeutung für die finanzielle Situation im Ganzen auf, so ergibt sich ein differentes Bild. Die Hyperinflation von 1923 und die als Landvolkbewegung zusammengefassten Reaktionen auf das wirtschaftliche Geschehen ab 1928 stellten die zumeist kapitalschwachen Siedler vor finanzielle Herausforderungen, die auch nicht durch gute Ernteerträge zu kompensieren waren. Die Sanierung ab 1927 war der Versuch, insbesondere den Zustand der Rentengüter zu verbessern, ohne dieses Ziel allerdings vollends erreicht zu haben.

III.2. RS 61-Rezeption seit den 1950er-Jahren

Die Beiträge, die sich während der Besiedlungszeit mit RS 61 auseinandergesetzt haben, zeichnen ein uneinheitliches Bild von dem Kultivierungsakt, wie gezeigt werden konnte. Siedlungsanspruch und Siedlungswirklichkeit standen sich fortwährend gegenüber, wobei etwa die Ödlandkultivierung im Allgemeinen und die Bemühungen des Kulturamtes Heide im Besonderen als positiv, jedoch beispielsweise die Finanznöte der Siedler und das Kompetenzgerangel der Akteure als negativ bewertet wurden. Vor diesem Hintergrund sollen nachstehend die mit zeitlicher Versetzung geschriebenen Werke beleuchtet werden, die auf das abgeschlossene Projekt zurückblicken und den weiteren Gang der (Orts-)Geschichte kennen. Dabei stellt sich die Frage, wie das Fazit ausfällt – ob es sich nach Ansicht der Verfasser folglich um ein als erfolgreich oder weniger erfolgreich wahrgenommenes Projekt handelt.

Nach dem Zweiten Weltkrieg griff Wilhelm Boyens, der zuvor als Geschäftsführer bei verschiedenen Siedlungsgesellschaften in Berlin, Mecklenburg und Posen gearbeitet hatte und inzwischen Landesbeauftragter für das Siedlungswesen in Schleswig-Holstein war, im ersten Band seines gewichtigen Werkes „Die Geschichte der ländlichen Siedlung" auch die Kultivierung des Truppenübungsplatzes Lockstedt nochmals auf, nachdem er sich knapp drei Jahrzehnte zuvor mit RS 61 beschäftigt hatte. Die Kritik sticht in Boyens' zurückblickenden Ausführungen deutlich hervor:

„Ich habe als Doktorand einige Monate inmitten der Soldatensiedler des Lockstedter Lagers gelebt und kann deshalb rückschauend bestätigen, daß es leichter und billiger gewesen wäre, durch ganze Maßnahmen und entschlossenes Vorgehen bei den Dingen, die doch getan werden mußten, das Vertrauen der Mehrheit der Siedler sich zu erhalten – wie es schließlich die Vorsteher des Kulturamtes Heide gemacht haben –[,] als das Ganze zum Politikum mit verwechselten Fronten werden

zu lassen. Denn außer den hier fehl am Platze bleibenden Methoden der Königlich-
Preußischen Ansiedlungskommission – etwas anderes war die Regiesiedlung nicht –
handelte es sich nur um Fragen der Menschenführung."[331]

Während sich Boyens dem seinerzeit von den Siedlern ausgesprochenen
Lob für das Kulturamt Heide, namentlich den Herren Seifert und Sobczak, anschloss, sah er die aufgetretenen „Konstruktionsmängel auf höchster Ebene"[332] und somit beim Deutschen Reich. Wenngleich die Kritik, die
sich noch fortsetzt, gerade bezogen auf die Soldatensiedlungen, die bei dem
Rentengutsverfahren nun einmal die Mehrheit ausmachten, äußerst düster
klingt, nähmen sich diese aber „nach 30 Jahren keineswegs wie Fehlgrün-
dungen"[333] aus. Dafür war allerdings erst die zweite Sanierung ab 1934 verantwortlich, wie erklärend hinzugefügt werden muss.

Ganz anders liest sich da der Abschnitt über das Lockstedter Siedlungswerk in der Jubiläumsschrift der Landeskulturbehörden von 1962. Konnte
Boyens als außenstehender Beobachter mit profunder Expertise relativ frei
argumentieren (zumal dessen Buch erst nach seinem Tod erschien), unterstan-
den die Ausführungen hier doch einem spürbaren Zwang, der einen äußerst
nüchternen, recht schönfärberischen Bericht begründet. Die selbstkritischste
Stelle lautet daher: „Infolge der damals so verworrenen Nachkriegs- und
Inflationszeit, verbunden mit einer katastrophalen Entwicklung der Preise,
konnten die Siedlungsgebäude gewiß nicht im Sinne einer soliden, guten hei-
mischen Bauweise errichtet werden."[334] Bei diesem schlichten Urteil beließ es
die Behörde, ohne den Sachverhalt näher auszuführen.

In der im gleichen Jahr veröffentlichten Chronik der Gemeinde Hohenlockstedt benennt Hans Glismann zwar die Herausforderungen und Probleme, die sich bei der Kultivierung in den 1920er-Jahren ergaben – aber nur
um die Lösung und die Bemühungen der Siedler dann pathetisch(-völkisch)
zu überformen, wenn er etwa die „einmalige Leistung"[335] hervorhebt, von
der „Großtat einer Gemeinschaftsarbeit in hoher Vollendung" spricht und
die Rentengutssache als einen „Prüfstein für Gemeingeist, Charakterstärke
und Schaffenslust" beschreibt.[336] Glismann, der 1914 geboren worden ist
und zu Ehren der im Zweiten Weltkrieg gefallenen Soldaten aus Steinburg
Gedenkchroniken erstellte, gibt der Leserschaft mit Verweis auf die Taten
seiner als Heroen dargestellten „Baltikumer" in einem zu diskutierenden

---

331 Boyens: Geschichte der ländlichen Siedlung, Bd. 1, S. 120.
332 Ebd., S. 121.
333 Ebd., S. 120.
334 Gesellschaft zur Förderung der inneren Kolonisation e. V. in Bonn
    (Hrsg.): Landeskulturbehörden, S. 48.
335 Glismann: Hohenlockstedt, S. 62.
336 Ebd., S. 70.

Sprachduktus mit auf den Weg: „Daran mögen die jetzige junge Generation und die kommenden Geschlechter denken und das Erbe ihrer Väter hoch in Ehren halten."[337]

Die vollkommen unterschiedliche Sichtweise mögen sodann noch zwei Belege verdeutlichen: Während Hagen Schulze 1977 in seiner Biographie über Otto Braun noch angemerkt hatte, dass die Siedlung „im übrigen ein großer Erfolg" geworden sei,[338] resümierte Ingwer Ernst Momsen 2001 – in seinem Beitrag zur Schleswig-Holsteinischen Höfebank (!) – hingegen, dass die frühen Siedlungen, zu denen er Lockstedter Lager, Lentföhrden sowie Neufelderkoog und Sönke-Nissen-Koog zählt, „aus Mangel an Erfahrung und Geld unzureichend" gewesen seien.[339]

In den vergangenen Jahren gab es in Hohenlockstedt indes Bestrebungen, die Siedler wieder ins öffentliche Bewusstsein zu rücken. So konnte in der Gemeinde am 27. September 2014 im Park vor der alten Kommandantur – und somit nicht auf dem eigentlichen landwirtschaftlichen Siedlungsgelände – im Beisein mehrerer Siedlernachfahren ein Gedenkstein geweiht werden, dessen Tafel die Namen der Erstsiedler ausweist.[340] Im Jahre 2016 zeigte das dortige Museum am Wasserturm die vom Verein für Kultur und Geschichte von Hohenlockstedt e. V. in Kooperation mit Martin Krieger (Lehrstuhlinhaber der Professur für die Geschichte Nordeuropas an der Christian-Albrechts-Universität zu Kiel) initiierte Ausstellung „Auf den Spuren der Kartoffel. 250 Jahre Kartoffelanbau in Schleswig-Holstein", wobei sich auf dem Plakat „Die Anfänge des Kartoffelanbaus im Lockstedter Lager" zwei Absätze mit den Siedlern beschäftigten und darüber hinaus die wichtige Akte 3848 aus der Abteilung 320.18 des Schleswig-Holsteinischen Landesarchivs gezeigt wurde.

Am 23. Juni 2019 strahlte der Norddeutsche Rundfunk den Fernsehbeitrag „Kartoffeln statt Kanonen" über die ersten Siedler aus.[341] Dabei kamen mit Robert Kipf, Holger Stoll und Siegfried Thurau Enkel der Soldatensiedler Hans Kipf,[342] Otto Stoll und Arnold

---

337 Ebd., S. 64.
338 SCHULZE, Hagen: Otto Braun oder Preußens demokratische Sendung. Eine Biographie, Frankfurt a. M./Berlin/Wien 1977, S. 309.
339 MOMSEN: Höfebank, S. 82.
340 Die Tafel „Zum Andenken an die Siedler | Lockstedter Lager | 1920–1926" ist unterteilt in die fünf Dorfschaften Bücken, Hohenfierth, Hungriger Wolf, Ridders sowie Springhoe und bezieht sich bei den Angaben wohl primär auf GLISMANN: Hohenlockstedt, S. 195 f. (Springhoe), 206 (Bücken), 210 (Hungriger Wolf), 212 (Hohenfierth) u. 219 (Ridders).
341 Der 5:30 Minuten lange Film ist inzwischen nicht mehr online verfügbar.
342 Hans Kipf: Anhang, Nr. 2: „Rentengutssache Lockstedter Lager" (RS 61): Rentengutsbesitzer (1922–1930), lfd. Nr. 50.

Thurau[343] zu Wort. Bezogen auf die Anmerkung eines anonymen Verfassers, der die unkritische Berichterstattung zu dem Thema auf der inzwischen nicht mehr verfügbaren Homepage anprangerte, reagierte der Redakteur Karl Dahmen, der für den Beitrag verantwortlich zeichnete, an gleicher Stelle:

> „[I]n dem Artikel geht es ja vor allem um die Frage, warum heute noch so viele Kartoffeln in Hohenlockstedt geerntet werden. Zur Eisernen Division gehört auch die Marinebrigade Ehrhardt, die Demokratiefeinde waren und großes Unheil angerichtet haben. Aber umso bemerkenswerter ist der Schachzug der Regierung[,] diese Soldaten zum Umdenken zu bewegen und zu Kartoffelbauern zu machen. Das war sicher nicht naiv und dass man darauf bestand, dass die zukünftigen Bauern verheiratet sein mussten, hatte vielleicht auch den Gedanken, dass jemand, der eine Familie hat[,] einfach friedlicher ist oder zumindest sein sollte."[344]

Über den journalistischen Umgang mit historischen Inhalten – also etwa Kürzung, Pauschalisierung und Verfälschung – soll hier bei mehr als berechtigter Medienkritik nicht weiter geurteilt werden. In der Tendenz lässt sich allerdings erkennen: Ohne eine kritische Aufarbeitung von RS 61 mit seinen Akteuren hat sich das allgemeine Bild der Gesellschaft von den Siedlern über die Jahre und Jahrzehnte deutlich verklärt – und steht damit ganz in der Glismann'schen Tradition.

III.3. Desiderate

Aus der vorliegenden Studie, die sich mit der „Rentengutssache Lockstedter Lager" eines prominenten, aber heute vor allem im überregionalen Zusammenhang weithin vergessenen Siedlungsprojektes in Schleswig-Holstein angenommen hat, ergeben sich unweigerlich weitere Fragen und Forschungsvorhaben. Nachstehend sollen daher zumindest drei Themenbereiche kurz angerissen werden, die als besonders lohnenswert erscheinen und bislang noch einer genaueren Betrachtung harren. Es handelt sich hierbei sowohl um lokal ausgerichtete als auch um überregional vergleichend angelegte Studien zur Wirtschafts-, Sozial- und Militärgeschichte, die anhand konkreter Beispiele die Siedlungstätigkeit mit ihren verschiedenen Akteuren, Prozessen sowie Erfolgen, aber auch Problemen und Herausforderungen, kontextualisieren.

---

343 Arnold Thurau: Anhang, Nr. 2: „Rentengutssache Lockstedter Lager" (RS 61): Rentengutsbesitzer (1922–1930), lfd. Nr. 3.

344 Der Bericht „Zeitreise. Kartoffeln statt Kanonen" mit Kommentar und Reaktion ist inzwischen nicht mehr online verfügbar.

III.3.1. „Sanierungssache Lockstedter Lager" in den 1930er-Jahren

In der 1927 geschaffenen Landgemeinde Lockstedter Lager, die sich aus den landwirtschaftlichen Siedlungen Hungriger Wolf-Bücken, Ridders (mit Hohenfierth) und Springhoe sowie dem „Lager" linksseitig und rechtsseitig der Kieler Straße zusammensetzte, ergaben sich in den 1930er-Jahren Veränderungen auf militärischer Ebene von großer Tragweite: So entstanden eine SA-Sportschule,[345] eine Heeres-Munitionsanstalt (Muna)[346] sowie der (heute zivil genutzte) Flugplatz „Hungriger Wolf".[347]

Das agrarisch genutzte Siedlungsgebiet, in dem 1934 der „Bau einer landwirtschaftlichen Kartoffelbrennerei [...] auf genossenschaftlicher Grundlage" in Erwägung gezogen wurde,[348] erlebte den nationalsozialistischen Systemwechsel unmittelbar mit.[349] Infolge des Reichserbhofgesetzes von 1933 galten fortan all diejenigen Betriebsleiter einer Hofstelle „von mindestens einer Ackernahrung und von höchstens 125 Hektar" Landbesitz als „Bauern" (im Unterschied zu „Landwirten" mit größeren Flächen) und Inhaber eines „Erbhofes".[350] Nachdem die (erste) Sanierung ab 1927 nicht den gewünschten

---

345 SCHRÖDER: NS-Schulungsstandort.

346 SCHÄFER, Siegfried: Die Heeres-Munitionsanstalt im Wehrkreis X – Lockstedter Lager. 1934–1949, Hohenlockstedt 2018.

347 HOPPE, Gero: Luftfahrzeuge über Steinburg. Flugplatz „Hungriger Wolf" Hohenlockstedt (Steinburger Hefte, Bd. 5), Itzehoe 1982.

348 LASH, Abt. 305, Nr. 6234, Schreiben des Spiritus-Brennerei-Vereines zu Gross-Rambin, Gross-Rambin, 19.05.1934.

349 Siehe für die Beschäftigung mit der landwirtschaftlichen Siedlung in den 1930er- und 1940er-Jahren in chronologischer Reihenfolge HELBOK, Adolf: Deutsche Siedlung. Wesen, Ausbreitung und Sinn (Volk. Grundriß der deutschen Volkskunde in Einzeldarstellungen, Bd. 5), Halle a. d. S. 1938. – KOLBE, Irmgard: Die Neubildung deutschen Bauerntums in Schleswig-Holstein seit dem ersten Weltkrieg, Diss. Univ. Kiel 1943. – CLEMENS, Paul: Lastrup und seine Bauernschaften. Siedlung, Wirtschaft und funktional-soziales Gefüge einer niederdeutschen Geestlandschaft, Diss. Univ. Göttingen 1945. – Siehe hinsichtlich der Aufarbeitung wiederum in chronologischer Reihenfolge SMIT, Jan G.: Neubildung deutschen Bauerntums. Innere Kolonisation im Dritten Reich. Fallstudien in Schleswig-Holstein (Urbs et Regio. Kasseler Schriften zur Geographie und Planung, Bd. 30), Kassel 1983. – MOMSEN, Die landwirtschaftliche Siedlung. – SCHIMEK, Michael (Hrsg.): Bauernhöfe im Nationalsozialismus. Die Neubauten der Reichsumsiedlungsgesellschaft (Ruges) in Norddeutschland (Quellen und Studien zur Regionalgeschichte Niedersachsens, Bd. 15), Cloppenburg 2019. – Das Werk von CRAMER, Nils: Erbhof und Reichsnährstand. Landwirtschaft in Schleswig-Holstein 1933–1945, Husum 2013, verzichtet gänzlich auf Einzelbelege und vermag wissenschaftlichen Ansprüchen nicht im Ansatz zu genügen.

350 Reichserbhofgesetz, in: Reichsgesetzblatt, Teil 1 (1933), Nr. 108, S. 685–692, hier S. 685.

Erfolg gezeitigt hatte, kam es ab 1934 ganz im Sinne einer propagierten Förderung des Kleinbauerntums zu einer weiteren (zweiten) Sanierung. Über die
genauen Absichten gibt ein 76-seitiger Bericht vom 30. Juli 1934 Auskunft,
der einen Monat später von J. Volkert Volquardsen gestempelt wurde. Der
Bericht spricht von „Fehlerquellen, die für den wiederholten Zusammen-
bruch der Kolonie Lockstedter Lager verantwortlich zu machen sind"; bei
der Siedlung gehe es um eine „politische Lebensgemeinschaft".[351]

Ist der Sanierungsgedanke grundsätzlich sicherlich nicht verkehrt gewesen, hat sich eine brisante Liste aus dem Jahre 1936 erhalten, die im Kulturamt Itzehoe kursierte und nicht für die Siedler bestimmt war. Genannt
werden 18 Rentengutsbesitzer, „die ihre Stelle aufgeben müssen" – unfrei-
willig, wie zu ergänzen ist. Dort heißt es beispielsweise: „Frau Else Schnell[352]
in Ridders: Betriebsgrösse 15,64 ha. Sie ist von ihrem Mann geschieden. Bei
der Frau leben drei Kinder, wovon 1 Kind vorehelich ist. Es soll sich um eine
ausgesprochene Lotterwirtschaft handeln. Der Reichsnährstand empfiehlt,
diese Stelle niederzulegen und der Eigentümerin eine kleine Abfindung zu
zahlen."[353] Das „Arbeitsprogramm" für die „Sanierungssache Lockstedter
Lager" offenbart besonders bei den schließlich auch vollzogenen „Nieder-
legungen", wie der empfohlene Auszug der Personen, der Abriss des Hofes
und die Zulegung der Flächen zu anderen Höfen amtssprachlich hieß, eine
systematische „Aussonderung der ungeeigneten Siedler".[354] Volquardsen
meldete 1938 an den Oberpräsidenten der Provinz Schleswig-Holstein nach
Kiel: „Die bisherige Geschichte des Lockstedter-Lagers hat gelehrt, dass aus-
sergewöhnliche Mittel angewandt werden müssen, um das Neubauerntum
innerhalb einer der schönsten Gegenden des holsteinischen Mittelrückens
vor einem neuen wirtschaftlichen Verfall zu schützen."[355] Im Weiteren führt
er einen klein anmutenden, aber keinesfalls unwesentlichen Punkt aus: „Für
ihn [i. e. Kreisbauernführer] und mich ist die Verleihung eines anderweiten
Ortsnamens eine indirekte, psychologisch gestaltende Sanierungsmassnahme
von wahrscheinlich grösster praktischer Bedeutung." Mögliche Namen seien

---

351 LASH, Abt. 305, Nr. 6231, Bericht zur Sanierung der Siedlungssache Lockstedter
    Lager, Itzehoe, 30.07.1934.
352 Else Schnell: Anhang, Nr. 2: „Rentengutssache Lockstedter Lager" (RS 61): Ren-
    tengutsbesitzer (1922–1930), lfd. Nr. 35.
353 LASH, Abt. 305, Nr. 6233, Vermerk des Kulturamtes Itzehoe, Itzehoe,
    11.02.1936.
354 Ebd., Arbeitsprogramm der Sanierungssache Lockstedter Lager, Itzehoe,
    14.03.1936. – Siehe ebd. auch die Karte, in der die betreffenden Rentengüter
    eingezeichnet sind.
355 Ebd., Kulturamt Itzehoe an das schleswig-holsteinische Oberpräsidium, Itzehoe,
    18.03.1938 (dort finden sich auch die nachstehenden Zitate).

die künstlich zusammengesetzten Formen „Lockridshoe", „Lockridshub",
„Riddershoe", „Rantzauhagen", „Steinburghagen", „Holstenhoe" oder
„Holstenhagen". Im Gespräch war zudem „Treustedt" – „zur Wahrung des
Gedächtnisses, daß der Führer an dieser Stätte seine ersten Getreuen fand
und hier die erste Sturmfahne der Nordmark geführt wurde".
Mit Blick auf die landwirtschaftliche Kultivierung in den 1920er-Jahren
lässt allen voran der Vorschlag „Baltenhoe" aufhorchen – „zur Wahrung des
Gedächtnisses, daß der Truppenübungsplatz kultiviert und besiedelt wurde
von derzeitig Deutschen Nachkriegsfreiwilligen im Kampf gegen die Bol-
schewisten im Baltischen Raume".[356] Die Hervorhebung des militärischen
Einsatzes im Baltikum blieb ein wichtiges Merkmal; für so manchen Siedler
führte der Gang einige Jahre später vom Rentengut erneut an die Front, wie
etwa das Beispiel Oskar Schmidt belegen kann: „Im Jahre 1923 übernahm
ich als Baltikumkämpfer eine Siedlung, in Grösse von 16,16 ha. Die Rente
betrug 765 RM jährlich. [...] Im August 39 wurde ich zur Wehrmacht eingezogen, machte den Polenfeldzug und den Feldzug im Westen mit."[357]

III.3.2. Landwirtschaftliche Siedlung in Schleswig-Holstein, in Preußen und im Deutschen Reich

Für das Kulturamt Heide war RS 61 gewissermaßen eine Baustelle unter
vielen, wobei Größe und Inhalt sich doch deutlich von den übrigen Projek-
ten auf lokaler Ebene im nordelbischen Raum unterschieden. Die Untersuchung eines größeren Gebietes liegt auf der Hand – mit den verschiedenen
Siedlungsunternehmern, wie den Kulturämtern und der Schleswig-Holsteinischen Höfebank, und Kreditanstalten, wie etwa der 1919 gegründeten
„Heimstätte Schleswig-Holstein",[358] die heute Teil der Investitionsbank
Schleswig-Holstein ist.
Blickt man auf die Provinz Schleswig-Holstein, so besaß beispielsweise
der Direktor der landwirtschaftlichen Winterschule zu Dülken (Rheinland)
namens Thelen ein Rentengut in Reitmoor (Gemeinde Lütjenwestedt im
heutigen Kreis Rendsburg-Eckernförde), das von der Königlichen Regierung zu Schleswig ausgelegt und 1910 in ein Rentengut der Königlichen
Generalkommission für die Provinzen Hannover und Schleswig-Holstein
umgewandelt worden ist.[359] Die Siedlung war Teil der „Rentengutssache

---

356 Ebd.
357 LASH, Abt. 305, Nr. 6234, Bl. 141, Oskar Schmidt an die Reichskanzlei, Ridders,
    29.12.1940.
358 Landwirtschaftskammer für die Provinz Schleswig-Holstein: Werde-
    gang und Entwicklung, S. 50.
359 LASH, Abt. 305, Nr. 2635: Rentengutssache Reitmoor (1910–1920). – Siehe
    auch Thelen, A.: Von Heide- und Moorkultur, in: Kleen, Jürgen/Reimer,

Reitmoor" (R 1292); in der entsprechenden Akte sind vier Baudarlehnsver-
träge erhalten, die von der Königlichen Generalkommission in Hannover
besiegelt und im Nationalsozialismus von der Kanzlei des Oberpräsidiums
der Provinz Schleswig-Holstein beglaubigt und gestempelt wurden. Zu verweisen ist etwa auch auf die „Sanierungssache Brokstedt" (SS 130) mit der
1932 begonnenen Neugründung der Gemeinde Bokhorst im Kreis Steinburg,
wobei es sich um ein Siedlungsprojekt der Höfebank – 1936 in Schleswig-
Holsteinische Landgesellschaft umbenannt – handelte.[360]

Für einen innerpreußischen Vergleich bietet sich etwa der Blick auf die
Provinz Hannover an, nicht zuletzt da diese siedlungstechnisch bis 1922 mit
Schleswig-Holstein über die General-Kommission beziehungsweise das Landeskulturamt verbunden war.[361] Bei der Betrachtung der inneren Kolonisation im Reich wäre – etwa auf Grundlage der Gesetze sowie der wertvollen
Beiträge im reichhaltigen „Archiv für innere Kolonisation" – beispielsweise
an die Freistaaten Bayern,[362] Lippe mit dem Rentengutsgesetz von 1921[363]
und Mecklenburg-Strelitz[364] zu denken.

Georg/Von Hedemann-Heespen, Paul (Hrsg.): Heimatbuch des Kreises Rendsburg, Rendsburg 1922, S. 167–179.

360 LASH, Abt. 305, Nr. 7662: Siedlungssache Bokhorst (1931–1943). – Siehe dazu
auch Junge-Ivens, Elsbe: Bokhorst 1932–1982. 50 Jahre. Eine junge Gemeinde
in einem uralten Holstendorf, Bokhorst [1982], S. 67–89.

361 Neumann, Hanns-Albrecht: Ländliche Siedlung in der Provinz Hannover nach
dem Weltkriege, Diss. Univ. Göttingen 1930. – Im Jahre 1915 wurde die Han-
noversche Siedlungsgesellschaft gegründet (heute Niedersächsische Landgesellschaft): Niedersächsische Landgesellschaft: 100 Jahre Niedersächsische
Landgesellschaft mbH, Hannover 2015.

362 Frost, Julius: Die ländliche Siedlung in Bayern 1919–1931 (Berichte über Landwirtschaft. Zeitschrift für Agrarpolitik und Landwirtschaft, N. F., Sonderbd. 76),
Berlin 1933.

363 Landesarchiv Nordrhein-Westfalen, Abteilung Ostwestfalen-Lippe, Detmold,
Abt. L 80.13: Regierung/Landesregierung Lippe, Mitwirkung der Abteilung des
Innern an Angelegenheiten anderer Abteilung (1859–1948), Nr. 252: Lippisches
Rentengutsgesetz (1920–1931). – Siehe dazu auch o. N.: Adolf Pohlmans letzte
Arbeit. Eingabe über die Grundsätze zu der Vergebung von Boden aus öffent-
licher Hand, in: Bodenreform. Deutsche Volksstimme – Frei Land 31 (1920),
Nr. 5, S. 70–73. – Erman, Heinrich: Das „Lippische Rentengut" – nach Adolf
Pohlman, in: Bodenreform. Deutsche Volksstimme – Frei Land 32 (1921), Nr.
2, S. 22–28. – Ocker: Adolf Pohlman-Hohenaspe, 55–57.

364 Zu verweisen ist besonders auf die „Berichte über Landwirtschaft" von 1931, die
als Themenheft erschienen: Ley, Norbert: Das Siedlungswesen in Mecklenburg-
Strelitz unter besonderer Berücksichtigung der Verfahrensarten, in: [Seraphim,
Hans-Jürgen (Hrsg.):] Auswirkungen der Siedlung. Bausteine zum Siedlungs-
problem, Bd. 2: Siedlung und Siedlungsverfahren. Beiträge zur Methode des
Siedlungsvorganges (Berichte über Landwirtschaft. Zeitschrift für Agrarpolitik

III.3.3. Entwicklung der deutschen Truppenübungsplätze nach 1918

Das Lockstedter Lager mit seinem Manövergelände gehörte zu den großen und bedeutsamen Truppenübungsplätzen des Deutschen Reiches, dessen Armeekorps in allen Provinzen über entsprechende Ausbildungsflächen verfügten.[365] Die außenpolitischen Ereignisse, die im Ersten Weltkrieg kulminierten und zum 1919 geschlossenen Versailler Vertrag führten, bedeuteten zugleich ein von alliierter Seite vorgegebenes Umdenken im Innern. Mit der verordneten Reduzierung des Reichswehrkontingentes ging ein (vermeintlicher) Rückgang militärisch benötigter Gebiete einher. Der Truppenübungsplatz Lockstedt beschritt mit der landwirtschaftlichen Besiedlung einen nahezu mustergültigen Weg – wobei dennoch nicht vergessen werden sollte, dass sich auch hier die Reichswehr einen kleinen Teil des Geländes erhalten konnte, um in den 1930er-Jahren die Militärtradition wieder aufleben zu lassen. Vor diesem Hintergrund bietet sich folglich ein reichsweiter Vergleich ab, der zeitlich bis zum Nationalsozialismus und noch weiter reicht.

Das Jahr 1920 darf in jedem Falle als Einschnitt und Weichensteller für die unterschiedliche Entwicklung der Truppenübungsplätze gelten. Das Spektrum reicht hierbei von der gänzlichen Auflösung bis zur unmittelbaren Weiternutzung (über die Weimarer Republik hinaus). Auf Munster als Truppenübungsplatz des X. Armeekorps wurde am Anfang der Arbeit bereits kurz als potenzielles, letztlich allerdings doch nicht in Betracht gezogenes Siedlungsgebiet innerhalb des preußischen Staates eingegangen. Das Gelände ist heute im Besitz der Bundeswehr und weiterhin militärisches Sperrgebiet. Unter britischer Führung steht gegenwärtig der Truppenübungsplatz Senne bei Paderborn; zeitgenössisch war jedoch nicht klar, ob eine militärische Zukunft vor Ort gesichert sei, wie ein Notgeldschein der Gemeinde Neuhaus in Westfalen von 1921 verriet: „Hier umschwebte uns alle der

---

und Landwirtschaft, N. F., Sonderbd. 48), Berlin 1931, S. 7–71. – EILMANN, Friedrich: Die Gemeinnützige Siedlungsgenossenschaft Chludowo. Verfahren und Ergebnis, in: [SERAPHIM, Hans-Jürgen (Hrsg.):] Auswirkungen der Siedlung. Bausteine zum Siedlungsproblem, Bd. 2: Siedlung und Siedlungsverfahren. Beiträge zur Methode des Siedlungsvorganges (Berichte über Landwirtschaft. Zeitschrift für Agrarpolitik und Landwirtschaft, N. F., Sonderbd. 48), Berlin 1931, S. 73–126. – MAGURA, Wilhelm: Verfahren und Entwicklung der Siedlungen des 18. Jahrhunderts in Mecklenburg-Strelitz, in: [SERAPHIM, Hans-Jürgen (Hrsg.):] Auswirkungen der Siedlung. Bausteine zum Siedlungsproblem, Bd. 2: Siedlung und Siedlungsverfahren. Beiträge zur Methode des Siedlungsvorganges (Berichte über Landwirtschaft. Zeitschrift für Agrarpolitik und Landwirtschaft, N. F., Sonderbd. 48), Berlin 1931, S. 127–178.

365 O. N.: Generalkommandos, Divisionen und Brigaden, in: Kürschners Jahrbuch (1913), Sp. 371–390. – Siehe auch RUNG: Anlage von Truppenübungsplätzen.

Sennegeist! – froh sangen wir unsere Lieder! O, kehre zurück, du glückliche Zeit. Du ‚alter Geist', kehre wieder".[366]

Wie Senne blieb auch Jüterbog in Brandenburg (bis 1992) Truppenübungsplatz, weshalb ein Soldat im Jahre 1927 einem befreundeten Kameraden aus dem Sennelager eine Karte nach dort schicken konnte.[367] Ebenfalls wurden beispielsweise die Truppenübungsplätze Grafenwöhr in Bayern (heute unter US-amerikanischer Führung), Königsbrück in Sachsen, Münsingen in Baden-Württemberg[368] und Ohrdruf in Thüringen[369] von der Reichswehr weiterbenutzt, während das Gelände in Griesheim/Darmstadt fortan unter französischer Ägide stand.[370]

Zu einer militärischen Weiternutzung und gleichzeitigen Teilbesiedlung kam es in Zehrensdorf/Zossen-Wünstorf in Brandenburg. In ihrem Werk „Vom Sperrgebiet zur Waldstadt" schreiben Gerhard Kaiser und Bernd Herrmann über den hier speziell interessierenden Zeitraum:

> „Da sich die Manöver in den zwanziger Jahren im wesentlichen auf Märsche und wegen des Verbots auf Schießübungen mit Karabiner oder Maschinengewehr auf festen Schießständen beschränkten, Geschütze ausnahmslos in Kummersdorf erprobt wurden und sich die Mechanisierung auf wenige Kraftfahrzeuge stützte, lebten die Einwohner Zehrensdorfs geruhsam und selten gestört."[371]

---

366 PS JO, Notgeldschein Neuhaus i. W., 50 Pfennig, 1921 (Motiv: „Truppenübungsplatz | Sennelager | 1892 bis 1921").

367 PS JO, Postkarte, 1927 (Motiv: „Am Diebesturm – Motiv aus der Senne").

368 FROMM-KAUPP, Iris: Der Truppenübungsplatz Münsingen. 110 Jahre Militärgeschichte in Württemberg, in: Denkmalpflege in Baden-Württemberg 37 (2008), Nr. 3, S. 159–164. – LORENZ, Sönke/DEIGENDESCH, Roland (Hrsg.): Vom Nutzwald zum Truppenübungsplatz. Das Münsinger Hart (Schriften zur südwestdeutschen Landeskunde, Bd. 23; Veröffentlichung des Alemannischen Instituts, Bd. 65), Leinfelden-Echterdingen 1998. – Siehe auch KÜNKELE, Günter: Naturerbe Truppenübungsplatz. Das Münsinger Hardt. Bilder einer einzigartigen Landschaft, Tübingen ³2009.

369 ERMEL, Adrian: Nachbarschaft zwischen Übung und Ernstfall. Der Truppenübungsplatz Ohrdruf und die Region Gotha-Arnstadt-Jonastal, Bad Langensalza 2010. – STÄNDER, Manfred/Schmidt, Peter: 100 Jahre Truppenübungsplatz Ohrdruf. 1906–2006, Horb a. N. 2006.

370 PS JO, Postkarte, 1922 (Motiv: „Truppenübungsplatz Griesheim b. Darmstadt. Camp de Manœuvres"). – Siehe zum „Camp de Griesheim" auch ECKSTEIN, Ursula: August-Euler-Flugplatz Darmstadt. Der Griesheimer Sand. Experimentierfeld für viele Flugpioniere (Darmstädter Schriften, Bd. 94), Darmstadt 2008, S. 110–119.

371 KAISER, Gerhard/HERRMANN, Bernd: Vom Sperrgebiet zur Waldstadt. Die Geschichte der geheimen Kommandozentralen in Wünsdorf und Umgebung, Berlin ⁴2007, S. 63 f.

Eine zukünftige Hybridform, die stets kritisch nach der gegenseitigen Beeinflussung der Sphären fragen sollte, gab es ebenfalls im hessischen Bad Orb, wo neben dem Militär deutschstämmige Personen aus dem nunmehr französisch-regierten Gebiet Elsass-Lothringen sesshaft wurden.[372] Allein diese kurze Übersicht soll zeigen, wie ergiebig eine systematische Auswertung der Truppenübungsplätze hinsichtlich ihrer Funktion in den 1920er-Jahren, als an einen ausgeprägten Naturschutz noch nicht zu denken war,[373] sein kann. Die „Rentengutssache Lockstedter Lager" mag dafür als Ausgangspunkt dienen.

---

372 Siehe hierzu etwa das Schreiben im BArch, Abt. R 43 I, Nr. 1282, Bd. 2, Bl. 110–119, Reichsinnenministerium an die Reichskanzlei, Berlin, 29.05.1920, in dem die Rede von 40 anzusiedelnden Familien ist. – Zu den Siedlungsbestrebungen bemerkt LENT: Siedlungsgenossenschaften, S. 46, dass diese „mit mehr oder weniger Erfolg" durchgeführt worden seien. – Siehe auch SAUER, Eckard: Absturz im Kinzigtal. Die Luftfahrt im hessischen Kinzigtal von 1895 bis 1950, Gründau ³2013, S. 43.

373 Für das noch immer recht junge Thema sei in chronologischer Reihenfolge zunächst verwiesen auf die Studie des DEUTSCHEN RATES FÜR LANDESPFLEGE (Hrsg.): Truppenübungsplätze und Naturschutz. Gutachtliche Stellungnahme und Ergebnisse eines Kolloquiums des Deutschen Rates für Landespflege (Schriftenreihe des Deutschen Rates für Landespflege, Bd. 62), [Bonn] 1993. – GRUNEWALD, Karsten: Großräumige Bodenkontaminationen. Wirkungsgefüge, Erkundungsmethoden und Lösungsansätze, Berlin/Heidelberg 1997. – ANDERS, Kenneth u. a. (Hrsg.): Handbuch Offenlandmanagement am Beispiel ehemaliger und in Nutzung befindlicher Truppenübungsplätze, Berlin/Heidelberg 2004. – NOLTE, Felix: Was kostet die Konversion von Militärflächen? Grundlagen und Kostenschätzungen für die Flächenentwicklung, Wiesbaden 2019.

IV. Quellen- und Literaturverzeichnis

IV.1. Quellen

IV.1.1. Ungedruckte Quellen

Bundesarchiv, Berlin-Lichterfelde
Abt. R 43-I: Reichskanzlei (1919–1945)
Nr. 1282: Akten betreffend Siedlungswesen, Bd. 2 (1920).
Abt. R 3601: Reichsministerium für Ernährung und Landwirtschaft (1902–1945)
Nr. 5253: Arnold Ossig (1911–1944).

Deutsche Nationalbibliothek, Leipzig
Plakat, Wera von Bartels, 1919 (Signatur: Nov.5.98).

Landesarchiv Nordrhein-Westfalen, Abteilung Ostwestfalen-Lippe, Detmold
Abt. L 80.13: Regierung/Landesregierung Lippe, Mitwirkung der Abteilung des Innern an Angelegenheiten anderer Abteilung (1859–1948)
Nr. 252: Lippisches Rentengutsgesetz (1920–1931).

Privatsammlung Günter Klatt, Pellworm
Der Gedanke des deutschen Heimstättenwesens, unveröffentlichte Diplomarbeit von Helgo Klatt, 1929.

Privatsammlung Jan Ocker, Hohenaspe
Feldpostkarte, o. J. (Motiv: „Lockstedter Lager. Wellblechbaracken").
Notgeldschein Kreis Steinburg, 1 Mark, 1918.
Notgeldschein Lockstedter Lager, 50 Pfennig, 1921 (Nr. 1; Motiv: „1870/71").
Notgeldschein Lockstedter Lager, 50 Pfennig, 1921 (Nr. 2; Motiv: „1881").
Notgeldschein Lockstedter Lager, 50 Pfennig, 1921 (Nr. 3; Motiv: „1900").
Notgeldschein Lockstedter Lager, 50 Pfennig, 1921 (Nr. 4; Motiv: „1914–1918").
Notgeldschein Lockstedter Lager, 50 Pfennig, 1921 (Nr. 5; Motiv: „1918").
Notgeldschein Lockstedter Lager, 50 Pfennig, 1921 (Nr. 6; Motiv: „1921").
Notgeldschein Neuhaus i. W., 50 Pfennig, 1921 (Motiv: „Truppenübungsplatz | Sennelager | 1892 bis 1921").
Pferdegeschirr Lockstedter Lager, 1920er-Jahre.
Postkarte, 1922 (Motiv: „Truppenübungsplatz Griesheim b. Darmstadt. Camp de Manœuvres").
Postkarte, 1927 (Motiv: „Am Diebesturm – Motiv aus der Senne").

Schleswig-Holsteinische Landesbibliothek, Kiel
Verordnung, die Aufhebung der Feld-Gemeinschaften und die Beförderung der Einkoppelungen betreffend. Für die Aemter, Landschaft und
Städte des Königlichen Antheils des Herzogthums Holstein, imgleichen
die Herrschaft Pinneberg und die Grafschaft Ranzau. Sub Dato Hirschholm, den 19ten Novemb. 1771, Flensburg [1771] (Signatur: SHn 16).

Schleswig-Holsteinisches Landesarchiv, Schleswig
Abt. 25: Schleswig-Holsteinische Landkommission und Landkommissare
(1744–1874)
    Nr. 1350: Aufteilung und Einkoppelung in Lockstedt (1769–1772).
Abt. 66: Rentekammer zu Kopenhagen (1544–1877)
    Nr. 5805: Auszug aus Johann Gottfried Erichsens Schleswig- und Hol-
    steinischem Reise-Journal über unbebaute Ländereien und die Anset-
    zung von Kolonisten (1760).
Abt. 301: Schleswig-Holsteinisches Oberpräsidium (1868–1946)
    Nr. 1331: Rentengüter-Ansiedlung (1913–1920).
    Nr. 1935: Soldatensiedlung Lockstedter Lager (1920–1925).
    Nr. 3758: Paul Engelkamp (1888–1933).
    Nr. 3759: Julius Pagenkopf (1892–1934).
    Nr. 3762: Willibald Leisterer (1902–1933).
    Nr. 3791: Franz Sobczak (1906–1933).
    Nr. 5067: Auflösung der Gutsbezirke im Kreis Steinburg (1928).
Abt. 305: Landeskulturbehörden (1732–1982)
    Nr. 2635: Rentengutssache Reitmoor (1910–1920).
    Nr. 6231–6236: Rentengutssache Lockstedter Lager (1920–1946).
    Nr. 6237: Rentengutsrezess Lockstedter Lager (1930).
    Nr. 6244: Rentengutssache Mühlenbarbek (1924–1937).
    Nr. 6245: Rentengutssache Peissener Pohl (1924–1932).
    Nr. 6265: Rentengutssache Hohenaspe (1929/30).
    Nr. 7662: Siedlungssache Bokhorst (1931–1943).
    Nr. 8201: Die von den Polen vertriebenen Ansiedler (1922–1933).
Abt. 309: Regierung zu Schleswig (1868–1946)
    Nr. 22921: Landvolkbewegung, Bauernunruhen (1928/29).
Abt. 320.18: Kreis Steinburg (1804–1969)
    Nr. 254: Einwohnerwehren (1919–1921).
    Nr. 1126: Errichtung von Rentengütern. Ansiedlung an den Landes-
    grenzen (1892–1935).
    Nr. 1127: Errichtung von Rentengütern (1916–1941).
    Nr. 2071: Truppenübungsplatz Lockstedter Lager (1911–1921).
    Nr. 2073: Soldatensiedlung Lockstedter Lager (1920–1937).

Nr. 3542: Bildung eines selbstständigen Gutsbezirkes Lockstedter Lager (1892–1901).

Nr. 3847: Siedlungsangelegenheit des Lockstedter Lagers (1920–1931).

Nr. 3848: Gründung von Kolonien im Lockstedter Lager (1920–1925).

Nr. 3850: Bürgschaftsübernahme für die SSG „Thorensberg" (1923).

Nr. 3851: Rentengutsrezess Lockstedter Lager (1930).

Abt. 355.20: Amtsgericht Itzehoe (1867–2009)

Nr. 1668: Fortuna-Kellerei-Gesellschaft (1976–1983).

Nr. 2103: Rentengutsrezess Lockstedter Lager (1930).

IV.1.2. Gedruckte Quellen und ältere Literatur bis 1945

AAL, Arthur: Das preußische Rentengut. Seine Vorgeschichte und seine Gestaltung in Gesetzgebung und Praxis (Münchener Volkswirtschaftliche Studien, Bd. 43), Stuttgart 1901.

ANDRESEN, Andreas H.: Die Rentengüter-Gesetze in Preußen vom 27. Juni 1890 und 7. Juli 1891. Text-Ausgabe mit Anmerkungen (Taschen-Gesetzsammlung, Bd. 3), Berlin 1892.

AUHAGEN, Otto: Die Besiedlung des Lockstedter Truppenübungsplatzes, in: Deutsche Allgemeine Zeitung (27.07.1923), o. S.

Ausführungsgesetz zum Reichssiedlungsgesetze vom 11. August 1919 (Reichs-Gesetzbl. S. 1429). Vom 15. Dezember 1919, in: Preußische Gesetzsammlung (1920), Nr. 4, S. 31–41.

BOLTEN, Theodor: Chronik der Landgemeinde Wewelsfleth, Itzehoe 1941.

BONNE, Georg: Heimstätten für unsere Helden! Ein Mahnruf an alle Vaterlandsfreude, München ³1918.

DERS.: Volksgesundung durch Siedlung! Eine christliche und soziale Notwendigkeit (Christliche Wehrkraft, Bd. 5), München 1928.

BOYENS, Wilhelm F.: Bedeutung und Stand der inneren Kolonisation in Schleswig-Holstein (Schriften zur Förderung der inneren Kolonisation, Bd. 41), Berlin 1929.

BRANDT, Otto/WÖLFLE, Karl (Hrsg.): Schleswig-Holsteins Geschichte und Leben in Karten und Bildern. Ein Nordmark-Atlas, Altona/Kiel 1928.

BROSZEIT, Otto: 10 Jahre Buchführungs- und Steuerberatungsstelle der Landwirtschaftskammer, in: Landwirtschaftliches Wochenblatt für Schleswig-Holstein 80 (1930), Nr. 5, S. 96–99.

CHÜDEN, Oskar: Die Rentengutsbildung in Preußen. Eine wirthschaftliche und eine soziale Gefahr für die Ostprovinzen der Monarchie, Königsberg 1896.

CLEMENS, Paul: Lastrup und seine Bauernschaften. Siedlung, Wirtschaft und funktional-soziales Gefüge einer niederdeutschen Geestlandschaft, Diss. Univ. Göttingen 1945.

Das Illustrierte Blatt (03.08.1920).

DE LA CHEVALLERIE, Otto: Die volkswirtschaftliche Bedeutung der Moor- und Ödlandkultur im Deutschen Reiche, Berlin 1922.

DELIUS, Fritz: Die Rentengutsbildungen in der Provinz Schleswig-Holstein. Ein Beitrag zur inneren Kolonisation Preußens, Hannover 1913.

DELIUS, Wilhelm: Das Preußische Rentengut oder wie kann man ohne große Barmittel zu einem eigenen ländlichen Besitz gelangen? (Schriften für den landwirtschaftlichen Unterricht im Heere), Berlin 1911.

DIETRICH, Albert/THAYSEN, Lauritz: Der Siedlungsbau in Schleswig-Holstein. Bearbeitet nach dem Material der Schleswig-Holsteinischen Höfebank G. m. b. H. Kiel, Kiel 1931.

Die Verfassung des Deutschen Reichs. Vom 11. August 1919, in: Reichs-Gesetzblatt (1919), Nr. 152, S. 1383–1418.

Die Wochenschau (07.08.1920).

EILMANN, Friedrich: Die Gemeinnützige Siedlungsgenossenschaft Chludowo. Verfahren und Ergebnis, in: [SERAPHIM, Hans-Jürgen (Hrsg.):] Auswirkungen der Siedlung. Bausteine zum Siedlungsproblem, Bd. 2: Siedlung und Siedlungsverfahren. Beiträge zur Methode des Siedlungsvorganges (Berichte über Landwirtschaft. Zeitschrift für Agrarpolitik und Landwirtschaft, N. F., Sonderbd. 48), Berlin 1931, S. 73–126.

ERMAN, Heinrich: Das „Lippische Rentengut" – nach Adolf Pohlman, in: Bodenreform. Deutsche Volksstimme – Frei Land 32 (1921), Nr. 2, S. 22–28.

FLEISCHER, Moritz: Die Besiedelung der nordwestdeutschen Hochmoore, Berlin 1894.

FROST, Julius: Die ländliche Siedlung in Bayern 1919–1931 (Berichte über Landwirtschaft. Zeitschrift für Agrarpolitik und Landwirtschaft, N. F., Sonderbd. 76), Berlin 1933.

FÜRST AWALOFF: Im Kampf gegen den Bolschewismus. Erinnerungen, Glückstadt/Hamburg 1925.

Gesetz, betreffend die Beförderung der Errichtung von Rentengütern. Vom 7. Juli 1891, in: Gesetz-Sammlung für die Königlichen Preußischen Staaten (1891), Nr. 24, S. 279–284.

Gesetz, betreffend Ergänzung des Reichssiedlungsgesetzes vom 11. August 1919. Vom 7. Juni 1923, in: Reichsgesetzblatt, Teil 1 (1923), Nr. 41, S. 364–366.

Gesetz über den Friedensschluß zwischen Deutschland und den alliierten und assoziierten Mächten. Vom 16. Juli 1919, in: Reichs-Gesetzblatt (1919), Nr. 140, S. 687–1349.

Gesetz über den vorläufigen Aufbau des Reichsnährstandes und Maßnahmen zur Markt- und Preisregelung für landwirtschaftliche Erzeugnisse, in: Reichsgesetzblatt, Teil 1 (1933), Nr. 99, S. 626 f.

Gesetz über Rentengüter. Vom 27. Juni 1890, in: Gesetz-Sammlung für die Königlichen Preußischen Staaten (1890), Nr. 32, S. 209 f.

GRAF ZU REVENTLOW, Ernst: Der Weg zum neuen Deutschland. Ein Beitrag zum Wiederaufstieg des deutschen Volkes, Essen 1931.

GRIMM, Hans: Volk ohne Raum, Bd. 1: Heimat und Enge, München 1926.

DERS.: Volk ohne Raum, Bd. 2: Deutscher Raum, München 1926.

HAACK, Richard: Die preußische Agrargesetzgebung, Bd. 1: Die preußischen Gesetze über Rentengüter, Berlin ²1921.

DERS./VON HEUSINGER, Adolf: Die Finanzierung der ländlichen Siedlung in Preußen. Kommentar zur Preußischen Landesrentenbank-, Rentenguts- und Anerbenguts-Gesetzgebung, Berlin 1929.

HALTER, Heinz: Finnlands Jugend bricht Rußlands Ketten. Die Geschichte des Preußischen Jäger-Bataillons 27. Ein Tatsachenbericht aus dem Weltkrieg, Leipzig ²1942.

HARTMANN, Karl E.: Lehrbuch der Kriegsbeschädigten- und Krieger-Hinterbliebenen-Fürsorge mit besonderer Berücksichtigung der neuen sozialpolitischen Maßnahmen der Reichsregierung, Minden 1919.

HASSE, Paul (Hrsg.): Schleswig-Holstein-Lauenburgische Regesten und Urkunden, Bd. 1: 786–1250, Hamburg/Leipzig 1886.

HASSOLD, H.: Lockstedter Lager, in: HEIMATBUCH-KOMMISSION (Hrsg.): Heimatbuch des Kreises Steinburg, Bd. 3, Glückstadt 1926, S. 308–315.

HELBOK, Adolf: Deutsche Siedlung. Wesen, Ausbreitung und Sinn (Volk. Grundriß der deutschen Volkskunde in Einzeldarstellungen, Bd. 5), Halle a. d. S. 1938.

HINSCH, Heinrich A.: Lockstedter Lager in Holstein. Erholungsort und Sommerfrische. Früherer Truppenübungsplatz des 9. Armeekorps. Geschichtliche Beschreibung, Lockstedter Lager [1933].

HOLTZ, Ernst D.: Deutsche Siedlung im Baltenland (Schriften zur Förderung der inneren Kolonisation, Bd. 31), Berlin 1920.

HÜBBE, Thomas: Neue Deutschritter, in: Hamburger Nachrichten (01.08.1920), o. S.

HUGENBERG, Alfred: Innere Colonisation im Nordwesten Deutschlands (Abhandlungen aus dem Staatswissenschaftlichen Seminar zu Straßburg i. E., Bd. 8), Straßburg 1891.

KOLBE, Irmgard: Die Neubildung deutschen Bauerntums in Schleswig-Holstein seit dem ersten Weltkrieg, Diss. Univ. Kiel 1943.

KOPPE, Johannes/KOPPE, Robert: Ausgeführte und geplante Krieger-Heimstätten. Mit Ratschlägen aus der Praxis, 180 Abbildungen und Plänen, Halle a. d. S. 1917.

KRAUSE, Max: Die preußischen Siedlungsgesetze nebst Ausführungsvorschriften (Die neue preußische Agrargesetzgebung, Bd. 1), Berlin ²1922.

DERS.: Die Finanzierung der landwirtschaftlichen Siedlung, in: PREUSSISCHES MINISTERIUM FÜR LANDWIRTSCHAFT, DOMÄNEN UND FORSTEN (Hrsg.): Die deutsche ländliche Siedlung. Formen, Aufgaben, Ziele, Berlin ²1931, S. 40–50.

KRIEGSGESCHICHTLICHE FORSCHUNGSANSTALT DES HEERES (Hrsg.): Darstellungen aus den Nachkriegskämpfen deutscher Truppen und Freikorps, Bd. 6: Die Wirren in der Reichshauptstadt und im nördlichen Deutschland 1918–1920, Berlin 1940.

LANDWIRTSCHAFTSKAMMER FÜR DIE PROVINZ SCHLESWIG-HOLSTEIN: Vorgehen der Landwirtschaftskammer für die Provinz Schleswig-Holstein zwecks Förderung der inneren Kolonisation und Gründung einer gemeinnützigen Siedlungsgenossenschaft für Schleswig-Holstein, Kiel [1908].

DIES.: Die Landwirtschaftskammer für die Provinz Schleswig-Holstein. Werdegang und Entwicklung in den Jahren 1896–1929 (Sonderwerksreihe über die deutschen Landwirtschaftskammern, Bd. 1), Kiel ²1929.

LANGHANS, Paul: Die Förderung der Landkultur in Schleswig-Holstein von 1914 bis 1929 (Bericht der Landkulturkommission der Landwirtschaftskammer für die Provinz Schleswig-Holstein, Bd. 2), Kiel [1930].

LEHMANN, Eduard: Der Kolonat in der römischen Kaiserzeit, Chemnitz 1898.

LENT, Walter: Die ländlichen Siedlungsgenossenschaften, ihre Entwicklung und ihre Probleme (Veröffentlichungen des Seminars für Genossenschaftswesen und Handelskunde der Landwirtschaftlichen Hochschule zu Berlin, Bd. 9), Berlin 1932.

LEY, Norbert: Das Siedlungswesen in Mecklenburg-Strelitz unter besonderer Berücksichtigung der Verfahrensarten, in: [SERAPHIM, Hans-Jürgen (Hrsg.):] Auswirkungen der Siedlung. Bausteine zum Siedlungsproblem, Bd. 2: Siedlung und Siedlungsverfahren. Beiträge zur Methode des Siedlungsvorganges (Berichte über Landwirtschaft. Zeitschrift für Agrarpolitik und Landwirtschaft, N. F., Sonderbd. 48), Berlin 1931, S. 7–71.

MAGURA, Wilhelm: Verfahren und Entwicklung der Siedlungen des 18. Jahrhunderts in Mecklenburg-Strelitz, in: [SERAPHIM, Hans-Jürgen (Hrsg.):] Auswirkungen der Siedlung. Bausteine zum Siedlungsproblem, Bd. 2: Siedlung und Siedlungsverfahren. Beiträge zur Methode des Siedlungsvorganges (Berichte über Landwirtschaft. Zeitschrift für Agrarpolitik und Landwirtschaft, N. F., Sonderbd. 48), Berlin 1931, S. 127–178.

MANN, Rudolf: Mit Ehrhardt durch Deutschland. Erinnerungen eines Mitkämpfers von der 2. Marinebrigade, Berlin 1921.

MEYER, Hans: Das Rentengut nach preußischem Recht, Diss. Univ. Breslau 1920.

NAGEL, Jacob: Beitrag zur Siedelungskunde und Bevölkerungsverteilung des Kreises Steinburg, in: HEIMATBUCH-KOMMISSION (Hrsg.): Heimatbuch des Kreises Steinburg, Bd. 1, Glückstadt 1924, S. 423–440.

NEUMANN, Hanns-Albrecht: Ländliche Siedlung in der Provinz Hannover nach dem Weltkriege, Diss. Univ. Göttingen 1930.

OEST, Nicolaus: Oeconomisch-practische Anweisung zur Einfriedung der Ländereien nebst einem Anhang von der Art und Weise, wie die Feldsteine können gesprenget und gespalten werden, auch nöthigen Kupfern, Flensburg 1767.

OLDEKOP, Henning: Topographie des Herzogtums Holstein einschließlich Kreis Herzogtum Lauenburg, Fürstentum Lübeck, Enklaven (8) der freien und Hansestadt Lübeck (4) der freien und Hansestadt Hamburg, Bd. 2, Kiel 1908.

O. N.: Adolf Pohlmans letzte Arbeit. Eingabe über die Grundsätze zu der Vergebung von Boden aus öffentlicher Hand, in: Bodenreform. Deutsche Volksstimme – Frei Land 31 (1920), Nr. 5, S. 70–73.

O. N.: Arbeit/Brot und Friede. Dänische Maler von Jens Juel bis zur Gegenwart, Düsseldorf/Leipzig [1911].

O. N.: Attentatsversuche auf Amts- und Gemeindevorsteher. Die Itzehoer Drohungen werden wahrgemacht, in: Altonaer Nachrichten (30.11.1928), o. S.

O. N.: Auseinandersetzung zwischen Reich und Preußen in der Frage der Siedlung, in: Archiv für Innere Kolonisation 19 (1927), Nr. 1/2, S. 20–39.

O. N.: Die Ansiedlung von Militäranwärtern auf dem Lande, in: Zeitung des Bundes Deutscher Militär-Anwärter 17 (1911), Nr. 17, S. 357–364.

O. N.: Die Entwicklung des Nordischen Kuriers, in: 30 Jahre Nordischer Kurier. General-Anzeiger für Schleswig-Holstein. Zweigblätter – Dithmarscher Kurier – Husumer Kurier. 1901–1931. 30 Jahre Arbeit. 30 Jahre Erfolg, [Itzehoe 1931].

O. N.: Ehrhardtleute im Lockstedter Lager, in: Nordischer Kurier (01.06.1920), o. S.

O. N.: Generalkommandos, Divisionen und Brigaden, in: Kürschners Jahrbuch (1913), Sp. 371–390.

O. N.: In Altona 23 Haftbefehle. Hauptgebiet der Bombenattentäter in Holstein. Die Landvolkbewegung schwer belastet, in: Dresdner Nachrichten (16.09.1929), S. 1.

O. N.: Schmerzen und Wünsche der Soldatensiedler, in: Nordischer Kurier (22.07.1922), o. S.

O. N.: Schwere Zuchthausstrafen für die Bombenleger, in: Dresdner Nachrichten (01.11.1930), S. 1.

O. N.: Ueber Auswanderung und innere Colonisation in besonderer Beziehung auf Preußen. Eine Staatsschrift, Berlin 1848.

O. N.: Uebernahme des Siedlungswerkes Lockstedter Lager durch die Landesrentenbank, in: Itzehoer Nachrichten (12.10.1929), o. S.

O. N.: Was ging im Siedlungsgebiet Lockstedter Lager vor? Korruption? Untreue?, Itzehoe [1928].

OPPENHEIMER, Franz: Die Siedlungsgenossenschaft. Versuch einer positiven Überwindung des Kommunismus durch Lösung des Genossenschaftsproblems und der Agrarfrage, Jena ³1922.

POHLMAN, Adolf: Agrarfrage und Bodenreform. Herr Nobbe, in: Deutsche Volksstimme 10 (1899), Nr. 8, S. 229–236.

DERS.: Laienbrevier der National-Ökonomie, Leipzig 1908.

DERS.: Werde- und Wanderjahre in Süd-Amerika. Erinnerungen eines deutschen Kaufmannes, Itzehoe ³1926.

PONFICK, Hans: Siedlung in Stichwörtern. Ein Handwörterbuch des ländlichen Siedlungswesens, Berlin 1925.

DERS./WENZEL, Fritz: Das Reichssiedlungsgesetz vom 11. August 1919 nebst den Ausführungsbestimmungen (Taschen-Gesetzsammlung, Bd. 94), Berlin ³1930.

PREUSSISCHES MINISTERIUM FÜR LANDWIRTSCHAFT, DOMÄNEN UND FORSTEN (Hrsg.): Die deutsche ländliche Siedlung. Formen, Aufgaben, Ziele, Berlin ²1931.

Reichserbhofgesetz, in: Reichsgesetzblatt, Teil 1 (1933), Nr. 108, S. 685–692.

Reichsheimstättengesetz. Vom 10. Mai 1920, in: Reichs-Gesetzblatt (1920), Nr. 108, S. 962–970.

Reichssiedlungsgesetz. Vom 11. August 1919, in: Reichs-Gesetzblatt (1919), Nr. 155, S. 1429–1436.

RUNG, Aloys: Die Anlage von Truppenübungsplätzen im Deutschen Reiche. Eine volkswirtschaftliche Studie, Diss. Univ. Gießen 1926.

SCHÄFER, Siegfried (Hrsg.): Lockstedter Lager Courier. Das königlich preußische Jägerbataillon Nr. 27 im Lager bei Lockstedt, Hohenlockstedt 2014.

DERS. (Hrsg.): Lockstedter Lager Courier. Die Lockstedter Lager und Umgebung 1890 bis 1899, Hohenlockstedt 2014.

DERS. (Hrsg.): Lockstedter Lager Courier. Die Lockstedter Lager und Umgebung 1900 bis 1909, Hohenlockstedt 2015.

DERS. (Hrsg.): Lockstedter Lager Courier. Das Lockstedter Lager und Umgebung 1910 bis 1919, Hohenlockstedt 2016.

DERS. (Hrsg.): Lockstedter Lager Courier. Das Lockstedter Lager und Umgebung 1920 bis 1929, Hohenlockstedt 2017.

SCHAUFF, Johann (Hrsg.): Wer kann siedeln? Berufskreise und Bauernsiedlung, Berlin 1932.

SCHMALFELDT, Bernhard: [Beiträge zur Geschichte Hohenaspe], o. O. o. J.

SCHMUDE, Detlef: Das Gebot der Stunde. Über die Arbeit zur Siedlung. Aus meinen Erfahrungen unter Bergarbeitern, Berlin 1920.

DERS.: Durch Arbeit zur Siedlung, Berlin 1922.

SCHÜMICHEN, Walter: Das preußische Rentengut und die Ansiedlung Kriegsbeschädigter, Diss. Univ. Greifswald 1916.

SCHÜRMANN, Heinrich: Das Soldatensiedelungswerk in Holstein, in: Der Soldatensiedler. Organ des Hannoverschen Siedlerbundes (1920), Nr. 4, S. 23 f.

DERS.: Die Entwicklung der Siedlungen des Lockstedter Lagers, in: Siedlung und Pachtung. Wochenschrift für die gesamten Interessen der Siedler, Pächter und Kleinbauern 1 (1924), Nr. 3/4, S. 2.

SEELIG, Wilhelm: Die innere Colonisation in Schleswig-Holstein vor hundert Jahren. Rede zum Antritt des Rektorates der Christian-Albrechts-Universität zu Kiel am 5. März 1895, Kiel 1895.

SERING, Max: Die innere Kolonisation im östlichen Deutschland (Schriften des Vereins für Socialpolitik, Bd. 56), Leipzig 1893.

SOMBART, Werner (Hrsg.): Volk und Raum. Eine Sammlung von Gutachten zur Beantwortung der Frage: „Kann Deutschland innerhalb der bestehenden Grenzen eine wachsende Bevölkerung erhalten?", Hamburg/Berlin/Leipzig 1928.

Stenographische Berichte über die Verhandlungen des Reichstages. 9. Legislaturperiode. IV. Session 1895/97, Anlagebd. 2: Nr. 88 bis 286 der amtlichen Drucksachen des Reichstages, Berlin 1896.

STIER-SOMLO, Fritz: Zur Geschichte und rechtlichen Natur der Rentengüter, Berlin 1896.

TANCRÉ, August: Die Ödlandskultur in Schleswig-Holstein (Bericht über die Tätigkeit der Landkulturkommission der Landwirtschaftskammer für die Provinz Schleswig- Holstein, Bd. 1), Kiel 1914.

THELEN, A.: Von Heide- und Moorkultur, in: KLEEN, Jürgen/REIMER, Georg/VON HEDEMANN-HEESPEN, Paul (Hrsg.): Heimatbuch des Kreises Rendsburg, Rendsburg 1922, S. 167–179.

THIEDE, Günther: Die ländliche Siedlung in Schleswig-Holstein. Überblick über die Siedlungstätigkeit von 1892–1950, in: Statistische Mitteilungshefte Schleswig-Holstein 3 (1951), Nr. 11, S. 419–424.

THYSSEN, Thyge: Die Rentengutsgründungen in Schleswig-Holstein, Diss. Univ. Kiel 1919.

VOLCK, Herbert: Rebellen um Ehre. Mein Kampf für die nationale Erhebung 1918–33, Gütersloh [²1938].

VON BOTH, Heinrich: Die Flüchtlingssiedlung, in: PREUSSISCHES MINISTERIUM FÜR LANDWIRTSCHAFT, DOMÄNEN UND FORSTEN (Hrsg.): Die deutsche ländliche Siedlung. Formen, Aufgaben, Ziele, Berlin ²1931, S. 155–157.

VON SCHMIDT-PAULI, Edgar: Geschichte der Freikorps 1918–1924. Nach amtlichen Quellen, Zeitberichten, Tagebüchern und persönlichen Mitteilungen hervorragender Freikorpsführer, Stuttgart ³1936.

VON SCHRÖDER, Johannes/BIERNATZKI, Hermann: Topographie der Herzogthümer Holstein und Lauenburg, des Fürstenthums Lübeck und des
Gebiets der freien und Hanse-Städte Hamburg und Lübeck, Bd. 2, Oldenburg i. H. ²1856.

VON WEHRS, Carl: Der Mittelrücken der Elbherzogthümer und seine Bewohner, in: Agronomische Zeitung. Organ für die Interessen der gesammten
Landwirthschaft (16.04.1866), S. 241–245.

WALDHECKER, Paul: Rentengüter in der Rheinprovinz, Mönchengladbach 1918.

WEDDIGEN, Eduard: Die Heimstätten nach dem Reichsheimstättengesetz
vom 10. Mai 1920. Verglichen mit den landesrechtlichen Heimstätten
und dem preußischen Rentengut, Diss. Univ. Kiel 1922.

Zeitbilder. Beilage zur Vossischen Zeitung (01.08.1920).

IV.2. Literatur

ANDERS, Kenneth u. a. (Hrsg.): Handbuch Offenlandmanagement am Beispiel ehemaliger und in Nutzung befindlicher Truppenübungsplätze, Berlin/Heidelberg 2004.

[ARBEITSGEMEINSCHAFT FÜR ZEITGEMÄSSES BAUEN E. V. (Hrsg.):] Mustergrundrisse für die landwirtschaftliche Siedlung (Bauen in Schleswig-Holstein, Bd. 16), Kiel 1951.

AST-REIMERS, Ingeborg: Landgemeinde und Territorialstaat. Der Wandel der Sozialstruktur im 18. Jahrhundert dargestellt an der Verkoppelung in den königlichen Ämtern Holsteins (Quellen und Forschungen zur Geschichte Schleswig-Holsteins, Bd. 50), Neumünster 1965.

AUGE, Oliver/WEBER, Caroline E. (Hrsg.): Pflichthochzeit mit Pickelhaube. Die Inkorporation Schleswig-Holsteins in Preußen 1866/67 (Kieler Werkstücke, Reihe A: Beiträge zur schleswig-holsteinischen und skandinavischen Geschichte, Bd. 57), Berlin 2020.

BECKER, Martin/MEHLHORN, Dieter-J.: Siedlungen der 20er Jahre in Schleswig-Holstein. Ergebnisse der Forschungsarbeit an der Fachhochschule Kiel – Fachbereich Bauwesen in Eckernförde – Institut für Städtebau und Sozialplanung, Heide 1992.

BLAZEK, Matthias/EVERS, Wolfgang: Dörfer im Schatten der Müggenburg. Adelheidsdorf und seine Nachbardörfer. Eine Chronik, Celle 1997.

BOYENS, Wilhelm F.: Die Geschichte der ländlichen Siedlung, Bd. 1: Das Erbe Max Serings, postum hrsg. von Oswald LEHNICH, Berlin/Bonn 1959.

DERS.: Die Geschichte der ländlichen Siedlung, Bd. 2: Das wirtschaftliche und politische Ringen um die ländliche Siedlung, postum hrsg. von Oswald LEHNICH, Berlin/Bonn 1960.

CARL, Rolf-Peter: Das Lockstedter Lager. Ein Stück finnischer Geschichte auf deutschem Boden, in: Schleswig-Holstein. Die Kulturzeitschrift für den Norden (2017), Nr. 2, S. 54–59.

CLAUSEN, Otto: Chronik der Heide- und Moorkolonisation im Herzogtum Schleswig (1760–1765), Husum 1981.

CRAMER, Nils: Erbhof und Reichsnährstand. Landwirtschaft in Schleswig-Holstein 1933–1945, Husum 2013.

DAMMANN, Elke: Das Gut Springhoe, in: Steinburger Jahrbuch 29 (1985), S. 128–132.

DEUTSCHER RAT FÜR LANDESPFLEGE (Hrsg.): Truppenübungsplätze und Naturschutz. Gutachtliche Stellungnahme und Ergebnisse eines Kolloquiums des Deutschen Rates für Landespflege (Schriftenreihe des Deutschen Rates für Landespflege, Bd. 62), [Bonn] 1993.

DOHNKE, Kay: Das „Kernland der nordischen Rasse grüßt seinen Führer". Zur Frühgeschichte der NSDAP in Schleswig-Holstein und im Kreis Steinburg, in: Steinburger Jahrbuch 40 (1996), S. 9–19.

DERS.: Das „Kernland nordischer Rasse" grüßt seinen Führer. Gaugründung, ideologische Positionen, Propagandastrategien. Zur Frühgeschichte und Etablierung der NSDAP in Schleswig-Holstein, in: Informationen zur schleswig-holsteinischen Zeitgeschichte 50 (2008), S. 8–27.

ECKSTEIN, Ursula: August-Euler-Flugplatz Darmstadt. Der Griesheimer Sand. Experimentierfeld für viele Flugpioniere (Darmstädter Schriften, Bd. 94), Darmstadt 2008.

EDELMANN, Heidrun: Nur wer die Geschichte kennt, versteht die Gegenwart. Blick einer Historikerin auf die Landvolkbewegung und die Entstehung eines Symbols, in: Bauernblatt Schleswig-Holstein und Hamburg. Organ der Landwirtschaftskammer Schleswig-Holstein (Landpost) 74 (2020), Nr. 26, S. 14–16.

ENGEL-BASELER, Ute: Itzehoe zur Zeit der Weimarer Republik, in: STADT ITZEHOE (Hrsg.): Itzehoe. Geschichte einer Stadt in Schleswig-Holstein, Bd. 2: Von 1814 bis zur Gegenwart, Itzehoe 1991, S. 269–286.

ERMEL, Adrian: Nachbarschaft zwischen Übung und Ernstfall. Der Truppenübungsplatz Ohrdruf und die Region Gotha-Arnstadt-Jonastal, Bad Langensalza 2010.

FELGENDREHER, Jutta: Hardebek in Vergangenheit und Gegenwart, in: Heimatkundliches Jahrbuch für den Kreis Segeberg 27 (1981), S. 83–109.

FEUSS, Axel: Entwurf einer utopischen Welt, in: MAIBAUM, Katrin/GRÄBER, Katharina (Hrsg.): Wenzel Hablik. Expressionistische Utopien. Malerei, Zeichnung, Architektur, München/London/New York 2017, S. 58–109.

FROMM-KAUPP, Iris: Der Truppenübungsplatz Münsingen. 110 Jahre Militärgeschichte in Württemberg, in: Denkmalpflege in Baden-Württemberg 37 (2008), Nr. 3, S. 159–164.

GESELLSCHAFT ZUR FÖRDERUNG DER INNEREN KOLONISATION E. V. IN BONN (Hrsg.): 40 Jahre Landeskulturbehörden in Schleswig-Holstein, Berlin/Bonn 1962.

GLISMANN, Hans A.: Die Geschichte des Truppenübungsplatzes Lockstedter Lager und seine Entwicklung zum Industrieort Hohenlockstedt, Itzehoe 1962.

GÖRTEMAKER, Manfred (Hrsg.): Otto Braun. Ein preußischer Demokrat, Berlin 2014.

GRÄBER, Katharina: Wenzel Hablik als Designer, in: MAIBAUM, Katrin/GRÄBER, Katharina (Hrsg.): Wenzel Hablik. Expressionistische Utopien. Malerei, Zeichnung, Architektur, München/London/New York 2017, S. 142–171.

GRUNEWALD, Karsten: Großräumige Bodenkontaminationen. Wirkungsgefüge, Erkundungsmethoden und Lösungsansätze, Berlin/Heidelberg 1997.

HEBERLE, Rudolf: Landbevölkerung und Nationalsozialismus. Eine soziologische Untersuchung der politischen Willensbildung in Schleswig-Holstein 1918 bis 1932 (Schriftenreihe der Vierteljahrshefte für Zeitgeschichte, Bd. 6), Stuttgart 1963.

HEITZ, Gerhard: Max Sering oder die Apologetik der inneren Kolonisation, in: Jahrbuch für Regionalgeschichte 4 (1972), S. 48–70.

HOPPE, Gero: Luftfahrzeuge über Steinburg. Flugplatz „Hungriger Wolf" Hohenlockstedt (Steinburger Hefte, Bd. 5), Itzehoe 1982.

JUNGE-IVENS, Elsbe: Bokhorst 1932–1982. 50 Jahre. Eine junge Gemeinde in einem uralten Holstendorf, Bokhorst [1982].

KAISER, Gerhard/HERRMANN, Bernd: Vom Sperrgebiet zur Waldstadt. Die Geschichte der geheimen Kommandozentralen in Wünsdorf und Umgebung, Berlin ⁴2007.

KAISER, Hermann: Dampfmaschinen gegen Moor und Heide. Ödlandkultivierung zwischen Weser und Ems (Materialien zur Volkskultur nordwestliches Niedersachsen, Bd. 8), Cloppenburg ⁴1991.

KELLER, Peter: „Die Wehrmacht der Deutschen Republik ist die Reichswehr". Die deutsche Armee 1918–1921 (Krieg in der Geschichte, Bd. 82), Paderborn 2014.

KESSELRING, Agilolf: Des Kaisers „finnische Legion". Die finnische Jägerbewegung im Ersten Weltkrieg im Kontext der deutschen Finnlandpolitik (Schriftenreihe der Deutsch-Finnischen Gesellschaft e. V., Bd. 5), Berlin 2005.

KLÖCKNER, Julia: Rückblick und Ausblick. 100 Jahre Reichssiedlungsgesetz. 50 Jahre Gemeinschaftsaufgabe Verbesserung der Agrarstruktur und des Küstenschutzes, in: Landentwicklung aktuell. Das Magazin des Bundesverbandes der gemeinnützigen Landgesellschaften 24 (2019), S. 7–9.

KOINZER, Thomas: Wohnen nach dem Krieg. Wohnungsfrage, Wohnungspolitik und der Erste Weltkrieg in Deutschland und Großbritannien (1914–1932) (Schriften zur Wirtschafts- und Sozialgeschichte, Bd. 72), Berlin 2002.

KOLLER, Christian: Senegalschützen und Fremdenlegionäre. Französische Kolonialtruppen als Projektionsflächen des Weimarer Blicks nach Weimar, in: CORNELISSEN, Christoph/VAN LAAK, Dirk (Hrsg.): Weimar und die Welt. Globale Verflechtungen der ersten deutschen Republik (Schriftenreihe der Stiftung Reichspräsident-Friedrich-Ebert-Gedenkstätte, Bd. 17), Göttingen 2020, S. 107–129.

KOLLEX, Knut-Hinrik: Die Bedeutung von Handlungsräumen und deren Verlagerung am Beispiel von Matrosen- und Freikorpsbewegung 1918–1920, in: GALLION, Nina/GÖLLNITZ, Martin/SCHNACK, Frederieke M. (Hrsg.): Regionalgeschichte. Potentiale des historischen Raumbezugs (Zeit + Geschichte, Bd. 53), Göttingen 2021, S. 429–454.

KOTOWSKI, Albert S.: Polens Politik gegenüber seiner deutschen Minderheit 1919–1939 (Studien der Forschungsstelle Ostmitteleuropa an der Universität Dortmund, Bd. 23), Wiesbaden 1998.

KRÜGER, Gabriele: Die Brigade Ehrhardt (Hamburger Beiträge zur Zeitgeschichte, Bd. 7), Hamburg 1971.

KUHL, Klaus: Abzug des Bataillons Claassen/Detachement Kiel (Brigade Loewenfeld) nach dem Kapp-Putsch in Kiel 1920, in: Zeitschrift der Gesellschaft für Schleswig-Holsteinische Geschichte 146 (2021), S. 241–256.

KUHLMANN, Friedrich: Landwirtschaftliche Standorttheorie. Landnutzung in Raum und Zeit, Frankfurt a. M. 2015.

KÜNKELE, Günter: Naturerbe Truppenübungsplatz. Das Münsinger Hardt. Bilder einer einzigartigen Landschaft, Tübingen ³2009.

KUROPKA, Joachim: Radikale im ländlichen Raum. Zur Landvolkbewegung 1928 bis 1933, in: KÜRSCHNER, Wilfried (Hrsg.): Der ländliche Raum. Politik – Wirtschaft – Gesellschaft (Vechtaer Universitätsschriften, Bd. 38), Berlin 2017, S. 143–152.

[LERCH, Rudolf (Hrsg.):] Das ländliche Siedlungswesen nach dem Kriege (Verhandlungen und Berichte des Unterausschusses für Landwirtschaft [II. Unterausschuss], Bd. 10), Berlin 1930.

LILLA, Joachim: Statisten in Uniform. Die Mitglieder des Reichstags 1933–1945. Ein biographisches Handbuch. Unter Einbeziehung der völkischen und nationalsozialistischen Reichstagsabgeordneten ab Mai 1924 (Veröffentlichung der Kommission für Geschichte des Parlamentarismus und der Politischen Parteien), Düsseldorf 2004.

LORENZ, Sönke/DEIGENDESCH, Roland (Hrsg.): Vom Nutzwald zum Truppenübungsplatz. Das Münsinger Hart (Schriften zur südwestdeutschen Landeskunde, Bd. 23; Veröffentlichung des Alemannischen Instituts, Bd. 65), Leinfelden-Echterdingen 1998.

LUTTENBERGER, Julia A.: Verwaltung für den Sozialstaat – Sozialstaat durch Verwaltung? Die Arbeits- und Sozialverwaltung als politisches Problemlösungsinstrument in der Weimarer Republik (Studien zur Geschichte der Weimarer Republik, Bd. 5), Berlin/Münster 2013.

MENGER, Manfred: Zur Rolle Deutschlands bei der Erringung der Selbstständigkeit Finnlands, in: GÖLLNITZ, Martin u. a. (Hrsg.): Konflikt und Kooperation. Die Ostsee als Handlungs- und Kulturraum, Berlin 2019, S. 211–219.

MÖLLER, Reimer: Eine Küstenregion im politisch-sozialen Umbruch (1860–1933). Die Folgen der Industrialisierung im Landkreis Steinburg (Elbe) (Veröffentlichungen des Hamburger Arbeitskreises für Regionalgeschichte, Bd. 22), Hamburg 2007.

MOMSEN, Ingwer E.: Die Siedlungstätigkeit der Schleswig-Holsteinischen Höfebank/Landgesellschaft 1913–1945, in: DERS./DEGE, Eckart/LANGE, Ulrich (Hrsg.): Historischer Atlas Schleswig-Holstein 1867 bis 1945 (Sonderveröffentlichung der Gesellschaft für Schleswig-Holsteinische Geschichte), Neumünster 2001, S. 80–82.

DERS.: Die landwirtschaftliche Siedlung in Schleswig-Holstein 1933–1939. Ernst Momsen und die Siedlungsabteilung des Reichsnährstands in Kiel, in: Zeitschrift der Gesellschaft für Schleswig-Holsteinische Geschichte 142 (2017), S. 159–207.

NIEDERSÄCHSISCHE LANDGESELLSCHAFT: 100 Jahre Niedersächsische Landgesellschaft mbH, Hannover 2015.

NOLTE, Felix: Was kostet die Konversion von Militärflächen? Grundlagen und Kostenschätzungen für die Flächenentwicklung, Wiesbaden 2019.

OCKER, Jan: Die Kieler Kriegsopferfürsorgestelle nach dem Ersten und Zweiten Weltkrieg, in: SCHENK, Britta-Marie (Hrsg.): Im Gefolge des Wohlfahrtsstaates. Kieler Kriegsopferfürsorge im 20. Jahrhundert, Husum 2020, S. 35–46.

DERS.: Güter, Gemarkungen und Getreide. Die Geschichte der Landwirtschaft in Ostholstein vom Mittelalter bis heute, in: AUGE, Oliver/SCHARRENBERG, Anke (Hrsg.): Besonderes (aus) Ostholstein. Beiträge zur Geschichte der Region. Anlässlich des 50-jährigen Jubiläums des Kreises Ostholstein (Eutiner Forschungen, Sonderbd.), Husum 2020, S. 83–104.

DERS.: „Um soziale Gerechtigkeit zu erzielen, bedarf es keiner Kunststücke." Adolf Pohlman-Hohenaspe (1854–1920) und die deutsche Bodenreform, in: Zeitschrift der Gesellschaft für Schleswig-Holsteinische Geschichte 145 (2020), S. 12–79.

DERS.: Von Holstein hinaus in die Welt. Eine Lebensskizze des gebürtigen Hohenaspers Adolf Pohlman (1854–1920), in: Steinburger Jahrbuch 64 (2020), S. 127–140.

DERS.: „Wer het mi min Karf mit Flesch stahln?" Schleswig-Holstein als niederdeutsche Sprachregion im späten 19. und frühen 20. Jahrhundert, in: GALLION, Nina/GÖLLNITZ, Martin/SCHNACK, Frederieke M. (Hrsg.): Regionalgeschichte. Potentiale des historischen Raumbezugs (Zeit + Geschichte, Bd. 53), Göttingen 2021, S. 55–72.

O. N.: Bodenreform, in: LANGE, Ulrich u. a. (Hrsg.): Historischer Atlas Schleswig-Holstein seit 1945 (Sonderveröffentlichung der Gesellschaft für Schleswig-Holsteinische Geschichte), Neumünster 1999, S. 93–98.

OTTO-MORRIS, Alexander: „Bauer, wahre dein Recht!" Landvolkbewegung und Nationalsozialismus 1928/30, in: Informationen zur Schleswig-Holsteinischen Zeitgeschichte 50 (2009), S. 54–73.

DERS.: Rebellion in the Province. The Landvolkbewegung and the Rise of National Socialism in Schleswig-Holstein (Kieler Werkstücke, Reihe A: Beiträge zur schleswig-holsteinischen und skandinavischen Geschichte, Bd. 36), Frankfurt a. M. 2013.

PAPKE, Erwin: Hohenlockstedt. Geschichtlicher Überblick, in: DERS. (Hrsg.): Pickelhauben und Kartoffeln. Aus der Geschichte Hohenlockstedts, Itzehoe 1982, S. 5–9.

DERS. (Hrsg.): Pickelhauben und Kartoffeln. Aus der Geschichte Hohenlockstedts, Itzehoe 1982.

DERS.: Insten, Bauern und Barone. Adliges Gut und Dorfschaft Mehlbek, Mehlbek 1988.

DERS.: Das alte Lockstedter Lager. Eine richtige Soldatenstadt, in: Steinburger Jahrbuch 38 (1994), S. 73–82.

DERS.: Heiligenstedten. Ein historisches Kleinod an der Stör, Heiligenstedten 1995.

PRANGE, Wolfgang: Die Anfänge der großen Agrarreformen in Schleswig-Holstein bis um 1771 (Quellen und Forschungen zur Geschichte Schleswig-Holsteins, Bd. 60), Neumünster 1971.

QUADFLIEG, Peter M.: Gerhard Graf von Schwerin (1899–1980). Wehrmachtsgeneral, Kanzlerberater, Lobbyist, Paderborn 2016.

RESCHKE, Wolfgang: Notgeld im Kreis Steinburg von 1914 bis 1923. Ein Überblick, in: Steinburger Jahrbuch 30 (1986), S. 10–34.

RHEINHEIMER, Martin: Wolf und Werwolfglaube. Die Ausrottung der Wölfe in Schleswig-Holstein, in: Historische Anthropologie. Kultur, Gesellschaft, Alltag 2 (1994), Nr. 3, S. 399–422.

RIECK-TAKALA, Hanna: Ruth Munck. Die „Schwester" der finnischen Jäger und die Beziehungen zum Lockstedter Lager, in: Steinburger Jahrbuch 64 (2020), S. 57–77.

RIETER, Heinz (Hrsg.): Johann Heinrich von Thünen als Wirtschaftstheoretiker (Schriften des Vereins für Socialpolitik, Bd. 115; Studien zur Entwicklung der ökonomischen Theorie, Bd. 14), Berlin 1995.

RITTER, Alexander: Entwicklung, Struktur und Funktion der ländlichen Industriegemeinde Hohenlockstedt (Kreis Steinburg), in: STEWIG, Reinhard (Hrsg.): Beiträge zur geographischen Landeskunde und Regionalforschung in Schleswig-Holstein. Oskar Schmieder zum 80. Geburtstag (Schriften des Geographischen Instituts der Universität Kiel, Bd. 37), Kiel 1971, S. 93–119.

SALEWSKI, Michael: Entwaffnung und Militärkontrolle in Deutschland 1919–1927 (Schriften des Forschungsinstituts der Deutschen Gesellschaft für Auswärtige Politik e. V., Bd. 24), München 1966.

SAMMARTINO, Annemarie H.: The impossible border. Germany and the East 1914–1922, Ithaca 2010.

SASSE, Dirk: Franzosen, Briten und Deutsche im Rifkrieg 1921–1926. Spekulanten und Sympathisanten, Deserteure und Hasardeure im Dienste Abdelkrims (Pariser Historische Studien, Bd. 74), München 2006.

SAUER, Bernhard: Vom „Mythos eines ewigen Soldatentums". Der Feldzug deutscher Freikorps im Baltikum im Jahre 1919, in: Zeitschrift für Geschichtswissenschaft 43 (1995), Nr. 10, S. 869–902.

SAUER, Eckard: Absturz im Kinzigtal. Die Luftfahrt im hessischen Kinzigtal von 1895 bis 1950, Gründau ³2013.

SCHÄFER, Siegfried: Die Heeres-Munitionsanstalt im Wehrkreis X – Lockstedter Lager. 1934–1949, Hohenlockstedt 2018.

SCHIMEK, Michael (Hrsg.): Bauernhöfe im Nationalsozialismus. Die Neubauten der Reichsumsiedlungsgesellschaft (Ruges) in Norddeutschland (Quellen und Studien zur Regionalgeschichte Niedersachsens, Bd. 15), Cloppenburg 2019.

SCHLESWIG-HOLSTEINISCHE LANDGESELLSCHAFT (Hrsg.): 75 Jahre Schleswig-Holsteinische Landgesellschaft mbH. 1913–1988. Spiegelbild der Agrarstrukturentwicklung, Kiel 1988.

SCHÖLER, Klaus: Raumwirtschaftstheorie (Vahlens Handbücher der Wirtschafts- und Sozialwissenschaften), München 2005.

SCHRÖDER, Carsten: Der NS-Schulungsstandort Lockstedter Lager. Von der „Volkssportschule" zur SA-Berufsschule „Lola I", in: Informationen zur Schleswig-Holsteinischen Zeitgeschichte 37 (2000), S. 3–26.

SCHULZE, Hagen: Freikorps und Republik 1918–1920 (Wehrwissenschaftliche Forschungen, Abteilung Militärgeschichtliche Studien, Bd. 8), Boppard a. R. 1969.

DERS.: Otto Braun oder Preußens demokratische Sendung. Eine Biographie, Frankfurt a. M./Berlin/Wien 1977.

SMIT, Jan G.: Neubildung deutschen Bauerntums. Innere Kolonisation im Dritten Reich. Fallstudien in Schleswig-Holstein (Urbs et Regio. Kasseler Schriften zur Geographie und Planung, Bd. 30), Kassel 1983.

SPECHT, Vivien: Legationsrat und Seelenverkäufer? Johann Friedrich Moritz und die Anfänge der Moor- und Heidekolonisation der Kimbrischen Halbinsel zwischen 1759 und 1765, MA Univ. Kiel 2020.

STAMP, Hans P.: Kolonisten. Sie kamen aus dem Schatten der Burg Frankenstein und fingen hier an mit der Kolonisierung der Heiden und Moore auf der Schleswigschen Geest von 1761–1765, [Rendsburg 2011].

STÄNDER, Manfred/SCHMIDT, Peter: 100 Jahre Truppenübungsplatz Ohrdruf. 1906–2006, Horb a. N. 2006.

STOLTENBERG, Gerhard: Politische Strömungen im schleswig-holsteinischen Landvolk 1918–1933. Ein Beitrag zur politischen Meinungsbildung in der Weimarer Republik (Beiträge zur Geschichte des Parlamentarismus und der politischen Parteien, Bd. 24), Düsseldorf 1962.

STOLZ, Gerd: Bundestreue oder Kriegsvorbereitung. Das preußische Lager bei Lockstedt im August 1865, in: Zeitschrift der Gesellschaft für Schleswig-Holsteinische Geschichte 141 (2016), S. 215–233.

STÜBEN, Heike: Umstrittener Protest. Bauern stellen Landvolk-Symbol nach, in: Kieler Nachrichten (15.06.2020), S. 12.

THATJE, Reinhard: Bilddokumentation zu den Notgeldausgaben im Kreis Steinburg 1917–1923, in: Steinburger Jahrbuch 30 (1986), S. 35–67.

THEWELEIT, Klaus: Männerphantasien, Bd. 1: Frauen, Fluten, Körper, Geschichte, Frankfurt a. M. 1977.

DERS.: Männerphantasien, Bd. 2: Männerkörper. Zur Psychoanalyse des weißen Terrors, Frankfurt a. M. 1978.

THOMSEN, Wolfgang: Die Auflösung der Gutsbezirke im Jahre 1928, in: Steinburger Jahrbuch 29 (1985), S. 112 f.

THYSSEN, Thyge: Bauer und Standesvertretung. Werden und Wirken des Bauerntums in Schleswig-Holstein seit der Agrarreform (Quellen und Forschungen zur Geschichte Schleswig-Holsteins, Bd. 37), Neumünster 1958.

TREICHEL, Fritz: Hohenlockstedt und die finnische Armee, in: Steinburger Jahrbuch 42 (1998), S. 171–194.

TRUTSCHEL, Christian: In Kiel dauerten die Kämpfe am längsten, in: Kieler Nachrichten (12.03.2020), S. 32.

TUTSCH, Joram F.: Weitgespannte Lamellendächer der frühen Moderne. Konstruktionsgeschichte, Geometrie und Tragverhalten, Diss. Techn. Univ. München 2020.

VOLQUARDSEN, J. Volkert: Die Auseinandersetzungs- und Landeskulturbehörden in Schleswig-Holstein, in: Innere Kolonisation. Zeitschrift für Fragen der Siedlung, Landesplanung, Agrarstruktur und Flurbereinigung 10 (1961), Nr. 9/10, S. 214–225.

DERS.: Zur Agrarreform in Schleswig-Holstein nach 1945, in: Zeitschrift der Gesellschaft für Schleswig-Holsteinische Geschichte 102/103 (1977/78), S. 187–344.

WERNER, Nils: Die Prozesse gegen die Landvolkbewegung in Schleswig-Holstein 1929/32. Ein Beitrag zur Justizkritik in der späten Weimarer Republik (Rechtshistorische Reihe, Bd. 249), Frankfurt a. M. 2001.

IV.3. Internetressourcen

[Evers, Ulf:] Lockstedter Lager. Eine Notgeld-Moritat, [2020]: URL: https://www.denk-mal-gegen-krieg.de/assets/Uploads/Lockstedter-Lager-eine-Notgeld-Moritat2.pdf (letzter Zugriff: 05.05.2021).

Facklam, Ulrike: Von der Massiv-Baracke 1 zum Kunsthaus. Bilddokumentation zur Geschichte eines Gebäudes, 2003: URL: https://www.m1-hohenlockstedt.de/data/media/Facklam_Massiv-Baracke.pdf (letzter Zugriff: 05.05.2021).

Anhang

Nr. 1: Notgeldschein Lockstedter Lager (1921)

Notgeldschein Lockstedter Lager, 50 Pfennig, 1921 (Nr. 6; Motiv: „1921").
Privatsammlung Jan Ocker, Hohenaspe.

Nr. 2: „Rentengutssache Lockstedter Lager" (RS 61): Rentengutsbesitzer (1922–1930)

Quellen:

Landesarchiv Schleswig-Holstein, Schleswig

Abt. 305: Landeskulturbehörden (1732–1982)

Nr. 6231–6236: Rentengutssache Lockstedter Lager (1920–1946).

Abt. 355.20: Amtsgericht Itzehoe (1867–2009)

Nr. 2103: Rentengutsrezess Lockstedter Lager (1930).

Abkürzungen:

FS = Flüchtlingssiedler

Huwo = Hungriger Wolf

RG = Rentengut

RM = Reichsmarine

RS = Rentengutssache

RW = Reichswehr

SD = Siedlungsdirektion

SR = Schlussrezess (unterzeichnet von den Rentengutsbesitzern am 7./8./9. November 1929)

Lfd. Nr.	RG-Nr.	Gebäude (Dorfschaft)	Datum der Übergabe	Ländereien (Dorfschaft)	RG in ha
1	1	Ridders	01.04.1922	Ridders	20,0987
2	2	Ridders	01.04.1922	Ridders	17,9956
3	3	Ridders	01.04.1922	Ridders	15,4531
4	4	Ridders	01.04.1922	Ridders	17,0537
5	5	Ridders	01.04.1922	Ridders	4,4745
6	16	Ridders	02.01.1924	Ridders	15,6593
7	17	Ridders	02.01.1924	Ridders	19,8714
8	19	Ridders	31.12.1924	Ridders	16,5565
9	18	Ridders	02.01.1924	Ridders	14,8273
10	22	Ridders	02.01.1924	Ridders	15,0912
11	23	Ridders	02.01.1924	Ridders	15,2496

Erstsiedler	Zweitsiedler	Drittsiedler
Leo Erich *Beyer*	Max *Engelbrecht* (1924)	Claus *Rohwer* (1924)
Martin *Zahn*	Bruno *Tornquist* (1924)	Heinrich *Schade* (vor SR 1929)
Arnold *Thurau*		
Christian *Georg*		
Hermann *Tank*		
Gottlieb *Gallas*		
Thadäus *Schmidt* (FS)		
Heinrich *Jebsen* (SD)		
Jakob *Damske* (FS)	Erbengemeinschaft *Damske* (1926)	
Otto *Huth*	Ernst *Rief* (1925)	Karl *Zech* (nach SR 1929)
Hermann *Retz* (FS)	Wilhelm *Hederich* (SR 1929)	

Lfd. Nr.	RG-Nr.	Gebäude (Dorfschaft)	Datum der Übergabe	Ländereien (Dorfschaft)	RG in ha
12	24	Ridders	02.01.1924	Ridders	15,1580
13	25	Ridders	02.01.1924	Ridders	16,1565
14	26	Ridders	02.01.1924	Ridders	16,2853
15	27	Ridders	02.01.1924	Ridders	14,9370
16	28	Ridders	02.01.1924	Ridders	14,4777
17	29	Ridders	02.01.1924	Ridders	16,3695
18	30	Ridders	31.12.1924	Ridders	17,5670
19	32	Ridders	02.01.1924	Ridders	17,7381
20	35	Ridders	02.01.1924	Ridders	19,4430
21	37	Ridders	01.10.1922	Ridders	18,5287
22	38	Ridders	01.10.1922	Ridders	14,2085

Erstsiedler	Zweitsiedler	Drittsiedler
Friedrich *Wagner* (FS)	Johann Bernhard *Grasfeder* (SR 1929)	
Karl *Jabusch* (FS)		
Julius *Liebelt* (FS)	Alfred *Liebelt* (1927)	
Johann *Franz* (FS)		
Adolf *Paul* (FS)		
Edmund *Herold* (FS)		
Paul *Rothert* (FS)	Iwer Andreas *Ising* (SR 1929)	
Hermann *Bläsing*	Hermann Gustav *Itzenga* (1925)	
Ludwig *Jetz* (FS)		
Emil *Weinkauf*		
Otto *Weyhe*	Günther Christian Wilhelm *Busch* (1924)	

Lfd. Nr.	RG-Nr.	Gebäude (Dorfschaft)	Datum der Übergabe	Ländereien (Dorfschaft)	RG in ha
23	39	Ridders	01.10.1923	Ridders	18,1740
24	40	Ridders	02.01.1924	Ridders	2,7448
25	41	Ridders	31.12.1924	Ridders	19,4984
26	42	Ridders	01.10.1922	Ridders	6,2615
27	43	Ridders	02.01.1923	Ridders	18,9114
28	44	Ridders	02.01.1923	Ridders	17,0315
29	45	Ridders	01.10.1923	Ridders	19,6801
30	46	Ridders	01.10.1923	Ridders	18,2094
31	47	Ridders	01.10.1923	Ridders	16,5457
32	48	Ridders	01.10.1923	Ridders	17,4887
33	50	Ridders	01.10.1923	Ridders	16,1643

Erstsiedler	Zweitsiedler	Drittsiedler
Karl Ernst *Schimmelmann*	Wilhelm Heinrich *Hangert* (vor SR 1929)	
Georg *Staat*		
Ernst Fritz Max *Koch*	Erbengemeinschaft *Koch* (1926)	Karl *Reckefuß* (nach SR 1929)
Walter *Grübner*		
Friedrich *Schultze*		
Gottfried *Stadelmeier*		
Heinrich *Rahn*	Adolf *Thode* (1924)	
Hermann *Großheim*	Johannes *Köhncke* (vor SR 1929)	
Kurt *Michael*	August *Thomas* (1925)	Otto *Thomas* (SR 1929)
Erich *Birkholz*	Peter *Krüger* (1926)	
Oskar *Schmidt*		

Lfd. Nr.	RG-Nr.	Gebäude (Dorfschaft)	Datum der Übergabe	Ländereien (Dorfschaft)	RG in ha
34	49	Ridders	01.10.1923	Ridders	24,6487
35	51	Ridders	01.10.1923	Ridders	15,6472
36	52	Ridders	01.10.1923	Ridders	16,0436
37	53	Ridders	01.10.1923	Ridders	15,1479
38	54	Ridders	01.10.1923	Ridders	15,1713
39	55	Ridders	01.10.1923	Ridders	16,7029
40	56	Ridders	31.12.1924	Ridders	15,6006
41	57	Ridders	31.12.1924	Ridders	17,3010
42	58	Ridders	01.10.1922	Ridders	17,9910
43	59	Ridders	01.10.1922	Ridders	19,8792
44	60	Ridders	01.10.1922	Ridders	15,3050

Erstsiedler	Zweitsiedler	Drittsiedler
Otto *Stoll*		
Gerhard *Schnell*	Else *Schnell* (SR 1929)	
Willi *Nagler*	Max *Noetzelmann* (1925)	
Philipp *Stadelmeier*	Hans *Schnoor* (1925)	Friedrich *Schnoor* (vor SR 1929)
Oskar *Stoll*		
Heinrich *Schürmann*	Reinhold *Manthey* (vor SR 1929)	
Ewald Erich *Reinholz*		
Paul Ernst *Tietzer*	Claus *Neben* (1924)	Ernst *Koopmann* (nach SR 1929)
Friedrich *Krause*	Wilhelm *Söhrmann* (1924)	
Gustav *Lehr*		
Joseph *Gottwald*	Christian *Steenbock* (1925)	

Lfd. Nr.	RG-Nr.	Gebäude (Dorfschaft)	Datum der Übergabe	Ländereien (Dorfschaft)	RG in ha
45	61	Ridders	01.10.1922	Ridders	14,8422
46	328	Ridders	01.10.1922	Ridders	19,6396
47	329	Ridders	01.10.1922	Ridders	18,9494
48	368	Huwo-Bücken	01.10.1923	Huwo-Bücken Ridders	15,6942
49	367	Huwo-Bücken	01.10.1923	Huwo-Bücken Ridders	23,6031
50	366	Huwo-Bücken	01.10.1923	Huwo-Bücken	14,5576
51	301	Huwo-Bücken	01.04.1922	Huwo-Bücken	18,3319
52	302	Huwo-Bücken	01.04.1922	Huwo-Bücken	15,9721
53	303	Huwo-Bücken	01.04.1922	Huwo-Bücken	17,6460
54	304	Huwo-Bücken	01.04.1922	Huwo-Bücken	19,7116
55	305	Huwo-Bücken	01.04.1922	Huwo-Bücken	23,3148

Erstsiedler	Zweitsiedler	Drittsiedler
Richard *Brinkmann*	Otto *Lüders* Wilhelm *Lüders* (1924)	
Ulrich *Geh*	Paul *Backhaus* (1925)	
Adolf *Rimpler*	Alma *Engelbrecht* (vor SR 1929)	
Reinhard *von dem Hagen*	Heinrich *Schmidt* (1924)	Wilhelm *Plaßmann* (1925)
Karl *Garbrecht*	Markus *Bünz* (1925)	
Hans *Kipf*	Frieda *Thomas* Willi *Thomas* (1928)	
Ferdinand *Sombrowski*	Hinrich *Heetsch* (1924)	
Otto *Quade*		
Paul *Limbecker*	Hermann Christian *Kröckel* (1924)	
Berthold *Köpke*		
Alfons *Tresp*	Klaus *Schröder* (1924)	

Lfd. Nr.	RG-Nr.	Gebäude (Dorfschaft)	Datum der Übergabe	Ländereien (Dorfschaft)	RG in ha
56	306	Huwo-Bücken	02.01.1924	Huwo-Bücken	15,6112
57	307	Huwo-Bücken	01.10.1923	Huwo-Bücken	12,9915
58	308	Huwo-Bücken	01.10.1923	Huwo-Bücken	16,7660
59	310	Huwo-Bücken	01.10.1923	Huwo-Bücken	16,4486
60	311	Huwo-Bücken	01.04.1922	Huwo-Bücken	19,9047
61	312	Huwo-Bücken	01.04.1922	Huwo-Bücken	14,9981
62	313	Huwo-Bücken	01.04.1922	Huwo-Bücken	18,6912
63	314	Huwo-Bücken	01.04.1922	Huwo-Bücken	15,7565
64	315	Huwo-Bücken	01.04.1922	Huwo-Bücken	14,4735
65	364	Huwo-Bücken	01.10.1923	Huwo-Bücken	15,2634
66	365	Huwo-Bücken	01.10.1923	Huwo-Bücken	18,7116

Erstsiedler	Zweitsiedler	Drittsiedler
Franz *Feuer*	Otto *Stührk* (1926)	
August *John*		
Paul *Arp*		
Wilhelm *Apfel*	Hans *Möller* (vor SR 1929)	
Otto *Chmiel*		
Hermann *Karpowitz*	Wilhelmine *Krohne* Claus Walter *Krohne* (vor SR 1929)	
Leo *Krause*	Hermann *Richter* (1924)	
Erwin *Hubert*		
Heinrich *Haack*		
Wilhelm *Maack*	Hans Jürgen *Schleuß* (1924)	
Alfred *Matthes*	Friedrich *Senne* (nach SR 1929)	

Lfd. Nr.	RG- Nr.	Gebäude (Dorfschaft)	Datum der Übergabe	Ländereien (Dorfschaft)	RG in ha
67	318	Huwo-Bücken	01.10.1922	Huwo-Bücken	16,3944
68	319	Huwo-Bücken	01.10.1922	Huwo-Bücken	16,3592
69	320	Huwo-Bücken	31.12.1924	Huwo-Bücken	25,3954
70	321	Huwo-Bücken	02.01.1924	Huwo-Bücken Ridders	17,6499
71	332	Huwo-Bücken	01.10.1922	Huwo-Bücken	3,8549
72	347	Huwo-Bücken	02.01.1924	Huwo-Bücken	2,5334
73	349	Huwo-Bücken	31.12.1924	Huwo-Bücken	34,2302
74	350	Huwo-Bücken	31.12.1924	Huwo-Bücken	45,4999
75	351	Huwo-Bücken	01.10.1922	Huwo-Bücken	17,4524
76	352	Huwo-Bücken	01.10.1922	Huwo-Bücken	15,7292
77	357	Huwo-Bücken	01.10.1922	Huwo-Bücken	15,9006

Erstsiedler	Zweitsiedler	Drittsiedler
Kurt *Post*	Jan *de Vries* (1925)	
Eduard *Tresp*	Hermann *Lohmann* (1924)	Marta *Lohmann* (nach SR 1929)
Emil *Kage* (SD)		
Paul *Exner*	Emil *Trüggelmann* (1924)	
Adolf *Gräber*		
Robert *Haselau*		
Wilhelm *Oberblöbaum* (SD)		
Otto Johannes Victor Fritz *Trautmann* (SD)	August *Schierbecker* (1928)	
Heinrich *Steffens*		
Adolf *Kramer*	Friedrich *Trentelmann* (1925)	Christian *Trentelmann* (1926) (FS)
Arthur *Baltz*	Johann Julius Friedrich *Böe* (1924)	

Lfd. Nr.	RG-Nr.	Gebäude (Dorfschaft)	Datum der Übergabe	Ländereien (Dorfschaft)	RG in ha
78	358	Huwo-Bücken	01.10.1922	Huwo-Bücken	16,8810
79	371	Huwo-Bücken	01.10.1923	Huwo-Bücken	18,4949
80	372	Huwo-Bücken	01.10.1923	Huwo-Bücken	19,2723
81	623	Springhoe	31.12.1924	Ridders Springhoe	17,3348
82	624	Springhoe	31.12.1924	Ridders Springhoe	17,3577
83	625	Springhoe	31.12.1924	Ridders Springhoe	14,9830
84	626	Springhoe	31.12.1924	Ridders Springhoe	15,4244
85	616	Springhoe	31.12.1924	Springhoe	33,7242
86	617	Springhoe	02.01.1924	Springhoe	19,0365
87	618	Springhoe	02.01.1924	Springhoe	18,2946
88	619	Springhoe	02.01.1924	Ridders Springhoe	16,7919

Erstsiedler	Zweitsiedler	Drittsiedler
Paul *Motzko*		
Otto *Lohse*		
August *Wiese*		
Hugo Bruno *Arndt*		
Thomas *Herther* (FS)		
Bernhard *Kiechle*	Hans *Delfs* (1926)	
Georg Bernhard *Schoene*	Gustav *Lange* (1926)	
Paul *Lück* (SD)	Thies *Funck* (1927)	
Johannes *Lindemann* (RW)	Claus *Eggers* (1929)	
Paul *Altenhain* (RW)		
Peter *Lübker* (RM)		

Lfd. Nr.	RG- Nr.	Gebäude (Dorfschaft)	Datum der Übergabe	Ländereien (Dorfschaft)	RG in ha
89	629	Springhoe	31.12.1924	Ridders Springhoe	36,4651
90	620	Springhoe	02.01.1924	Ridders Springhoe	16,9165
91	621	Springhoe	31.12.1924	Ridders Springhoe	17,8157
92	622	Springhoe	31.12.1924	Ridders Springhoe	16,5832
93	630	Springhoe	31.12.1924	Springhoe	16,0076
94	605	Springhoe	01.04.1922	Ridders Springhoe	17,6529
95	607	Springhoe	31.12.1924	Springhoe	18,3212
96	631	Springhoe	01.10.1922	Ridders Springhoe	17,9943
97	632	Springhoe	01.10.1922	Ridders Springhoe	18,0158
98	633	Springhoe	31.12.1924	Ridders Springhoe	16,6220
99	634	Springhoe	01.10.1923	Springhoe	15,7350

Erstsiedler	Zweitsiedler	Drittsiedler
Hans Albrecht *Kemper* (SD)	Heinrich *Dieckmann* (1925)	
Paul *Mankowski*	Rudolf *Piorowski* (1924)	Karl *Wichmann* (1929)
Hermann *Wichmann* (FS)		
Friedrich *Dengler*		
Wilhelm *Bauer*		
Georg *Hägele*		
Raimund *Splitt* (FS)		
Pauline *Hetke* Wilhelm *Hetke* Johann *Wengert* (FS)		
Georg *Wiedmann*		
Eduard *Tschensee* (FS)	Friedrich *Nickelsen* Ludwig *Nickelsen* (vor SR 1929)	Friedrich *Frey* (SR 1929)
Albert *Mauch*	Otto *Karge* (1929) (FS)	

Lfd. Nr.	RG-Nr.	Gebäude (Dorfschaft)	Datum der Übergabe	Ländereien (Dorfschaft)	RG in ha
100	635	Springhoe	01.10.1923	Springhoe	16,4986
101	636	Springhoe	01.10.1923	Springhoe	19,2776
102	638	Springhoe	02.01.1924	Springhoe	17,8230
103	637	Springhoe	02.01.1924	Huwo-Bücken Springhoe	18,0562
104	658	Springhoe	31.12.1924	Springhoe	17,8729
105	601	Springhoe	01.04.1922	Springhoe	19,9970
106	602	Springhoe	01.04.1922	Springhoe	19,2507
107	606	Springhoe	01.10.1922	Springhoe	17,4087
108	603	Springhoe	01.04.1922	Huwo-Bücken Ridders Springhoe	21,6835
109	604	Springhoe	01.04.1922	Ridders Springhoe	17,8711
110	608	Springhoe	31.12.1924	Springhoe	17,1375

Erstsiedler	Zweitsiedler	Drittsiedler
Max *Kielnecker*	Ernst *Schmidt* (II) (SR 1929)	
Friedrich *Bauer*		
Johann *Gruber*		
Ernst *Schmidt* (I) (RM)		
Kurt *Fürstenhaupt* (SD)	Auguste *Engel* Emil *Engel* (1928)	
Theo Heinrich *Stieglitz*	Hans *Eggers* (1927)	
Georg Johann *Rau*	Helmut *Frahm* (1924)	
Richard *Heim*	Ludwig *Habbe* (1926)	
August *Rau*	Ernst *Weingang* (1924)	
Heinrich Gottlob *Deiß*	Andreas *Piorowski* (1925) (FS)	
Rudolf *Hutschenreiter* (FS)		

Lfd. Nr.	RG-Nr.	Gebäude (Dorfschaft)	Datum der Übergabe	Ländereien (Dorfschaft)	RG in ha
111	609	Springhoe	31.12.1924	Springhoe	14,9020
112	610	Springhoe	31.12.1924	Springhoe	18,2779
113	611	Springhoe	31.12.1924	Springhoe	17,4969
114	612	Springhoe	31.12.1924	Springhoe	21,6367
115	650	Springhoe	01.07.1922	Springhoe	76,4500
116	(RS 133)	Mühlenbarbek	31.12.1924	Springhoe	7,5422
117	(RS 133)	Mühlenbarbek	31.12.1924	Springhoe	10,1165
118	(RS 135)	Peissener Pohl	19.12.1924	Ridders	11,1968
119	668	Springhoe	01.01.1926	Springhoe	3,3791
120	33	Ridders	09.04.1925	Ridders	4,6711
121	669	Springhoe	01.08.1927	Springhoe	35,5855

Erstsiedler	Zweitsiedler	Drittsiedler
Ewald *Dombrowski*	Dietrich *Peek* (vor SR 1929)	
Reinhold *Manthey*	Bruno *Manthey* (1928)	
Franz *Horst* (FS)		
Heinrich *Nubbemeier* (FS)		
Zentral-Fischerei-Verein für Schleswig-Holstein e. V. Carl *Finks*		
Johann *Kähler*		
Ida *Merker* Hermann *Merker*		
Alexander *Funck*		
Hinrich *Breiholz*		
Claus *Nagel*	Hinrich *Frankmeier* (1927)	Johannes *Schütt* (1928)

KIELER WERKSTÜCKE

Reihe   A: Beiträge zur schleswig-holsteinischen und skandinavischen Geschichte

Hrsg. von Oliver Auge

Band 19 Thomas Riis (Hrsg.): Tisch und Bett. Die Hochzeit im Ostseeraum seit dem 13. Jahrhundert. 1998.

Band 20 Alf R. Bjercke: Norwegische Kätnersöhne als königliche Dragoner. Eine Abhandlung über den Dragonerdienst in Norwegen und die Grenzwache in Schleswig-Holstein 1758-1762. 1999.

Band 21 Niels Bracke: Die Regierung Waldemars IV. Eine Untersuchung zum Wandel von Herrschaftsstrukturen im spätmittelalterlichen Dänemark. 1999.

Band 22 Lutz Sellmer: Albrecht VII. von Mecklenburg und die Grafenfehde (1534-1536). 1999.

Band 23 Ernst-Erich Marhencke: Hans Reimer Claussen (1804-1894). Kämpfer für Freiheit und Recht in zwei Welten. Ein Beitrag zu Herkunft und Wirken der "Achtundvierziger". 1999.

Band 24 Hans-Otto Gaethke: Herzog Heinrich der Löwe und die Slawen nordöstlich der unteren Elbe. 1999.

Band 25 Henning Unverhau: Gesang, Feste und Politik. Deutsche Liedertafeln, Sängerfeste, Volksfeste und Festmähler und ihre Bedeutung für das Entstehen eines nationalen und politischen Bewußtseins in Schleswig-Holstein 1840-1848. 2000.

Band 26 Joseph Ben Brith: Die Odyssee der Henrique-Familie (Bandhrsg.: Björn Marnau und Ralph Uhlig). 2001.

Band 27 Karl-Otto Hagelstein: Die Erbansprüche auf die Herzogtümer Schleswig und Holstein 1863/64. 2003.

Band 28 Annegret Wittram: Fragmenta. Felix Jacoby und Kiel. Ein Beitrag zur Geschichte der Kieler Christian-Albrechts-Universität. 2004.

Band 29 Sönke Loebert: Die dänische Vergangenheit Schleswigs und Holsteins in preußischen Geschichtsbüchern. 2008.

Band 30 Hans Gerhard Risch: Der holsteinische Adel im Hochmittelalter. Eine quantitative Untersuchung. 2010.

Band 31 Silke Hinz: Hochzeit in Kiel. Wandel im Hochzeitsgeschehen von 1965 bis 2005. 2011.

Band 32 Sönke Loebert / Okko Meiburg / Thomas Riis: Die Entstehung der Verfassungen der dänischen Monarchie (1848-1849). 2012.

Band 33 Franziska Nehring: Graf Gerhard der Mutige von Oldenburg und Delmenhorst (1430-1500). 2012.

Band 34 Simon Huemer: Studienstiftungen an der Christian-Albrechts-Universität zu Kiel. Private Bildungsförderung zwischen Stiftungsnorm und Stiftungswirklichkeit. 2013.

Band 35 Marina Loer: Die Reformen von Windesheim und Bursfelde im Norden. Einflüsse und Auswirkungen auf die Klöster in Holstein und den Hansestädten Lübeck und Hamburg. 2013.

Band 36 Alexander Otto-Morris: Rebellion in the Province: The Landvolkbewegung and the Rise of National Socialism in Schleswig-Holstein. 2013.

Band 37 Oliver Auge (Hrsg.): Hansegeschichte als Regionalgeschichte. Beiträge einer internationalen und interdisziplinären Winterschule in Greifswald vom 20. bis 24. Februar 2012. 2014.

Band 38 Julian Freche: Die Eingemeindungen in die Stadt Kiel (1869-1970). Gründe, Probleme und Kontroversen. 2014.

Band 39 Martin Göllnitz: Karrieren zwischen Diktatur und Demokratie. Die Berufungspolitik in der Kieler Theologischen Fakultät 1936 bis 1946. 2014.

Reihe B: Beiträge zur nordischen und baltischen Geschichte

Hrsg. von Martin Krieger

Band   1   Rainer Plappert: Zwischen Zwangsclearing und Entschädigung. Die politischen Beziehungen zwischen der Bundesrepublik Deutschland und Schweden im Schatten der Kriegsfolgefragen 1949-1956. 1996.

Band   2   Volker Seresse: Des Königs "arme weit abgelegenne Vntterthanen". Oesel unter dänischer Herrschaft 1559/84-1613. 1996.

Band   3   Ingrid Bohn: Zwischen Anpassung und Verweigerung. Die deutsche St. Gertruds Gemeinde in Stockholm zur Zeit des Nationalsozialismus. 1997.

Band   4   Saskia Pagell: Souveränität oder Integration? Die Europapolitik Dänemarks und Norwegens von 1945 bis 1995. 2000.

Band   5   Ulrike Hanssen-Decker: Von Madrid nach Göteborg. Schweden und der EU-Beitritt Estlands, Lettlands und Litauens, 1995-2001. 2008.

Band   6   Katrin Leineweber: Schwedische Einwanderer zwischen Akkulturationsprozess und *cultural maintenance* in Seattle/Washington State, 1885-1940. 2021.

Reihe C: Beiträge zur europäischen Geschichte des frühen und hohen Mittelalters

Hrsg. von Andreas Bihrer

Band   1   Martin Rheinheimer: Das Kreuzfahrerfürstentum Galiläa. 1990.

Band   2   Oliver Berggötz: Der Bericht des Marsilio Zorzi. Codex Querini-Stampalia IV 3 (1064). 1990.

Band   3   Thomas Eck: Die Kreuzfahrerbistümer Beirut und Sidon im 12. und 13. Jahrhundert auf prosopographischer Grundlage. 2000.

Band   4   Andreas Bihrer: Visio monachi de Eynsham. Die Vision des Mönchs von Eynsham. Die kartäusische Redaktion des Spätmittelalters (Fassung E). Einleitung und Edition. 2019.

Reihe D: Beiträge zur europäischen Geschichte des späten Mittelalters

Hrsg. von Werner Paravicini

Band   1   Holger Kruse, Werner Paravicini, Andreas Ranft (Hrsg.): Ritterorden und Adelsgesellschaften im spätmittelalterlichen Deutschland. Ein systematisches Verzeichnis. 1991.

Band   2   Werner Paravicini (Hrsg.): Hansekaufleute in Brügge. Teil 1: Die Brügger Steuerlisten 1360-1390, hrsg. von Klaus Krüger. 1992.

Band   3   Les Chevaliers de l'Ordre de la Toison d'or au XVe siècle. Notices bio-bibliographiques publiées sous la direction de Raphaël de Smedt. 1994. 2. Auflage 2000.

Band   4   Werner Paravicini (Hrsg.): Der Briefwechsel Karls des Kühnen (1433-1477). Inventar. Redigiert von Sonja Dünnebeil und Holger Kruse. Bearbeitet von Susanne Baus u.a. Teil 1 und 2. 1995.

Band   5   Werner Paravicini (Hrsg.): Europäische Reiseberichte des späten Mittelalters. Eine analytische Bibliographie. Teil 1: Deutsche Reiseberichte, bearb. von Christian Halm. 1994. 2., durchgesehene und um einen Nachtrag ergänzte Auflage 2001.

Band   6   Rainer Demski: Adel und Lübeck. Studien zum Verhältnis zwischen adliger und bürgerlicher Kultur im 13. und 14. Jahrhundert. 1996.

Band   7   Anne Chevalier-de Gottal: Les Fêtes et les Arts à la Cour de Brabant à l'aube du XVe siècle. 1996.

Band 8   Stephan Selzer: Artushöfe im Ostseeraum. Ritterlich-höfische Kultur in den Städten des Preußenlandes im 14. und 15. Jahrhundert. 1996.

Band 9   Werner Paravicini (Hrsg.): Hansekaufleute in Brügge. Teil 2. Georg Asmussen: Die Lübecker Flandernfahrer in der zweiten Hälfte des 14. Jahrhunderts (1358-1408). 1999.

Band 10   Jean Marie Maillefer: Chevaliers et princes allemands en Suède et en Finlande à l'époque des Folkungar (1250-1363). Le premier établissement d'une noblesse allemande sur la rive septentrionale de la Baltique. 1999.

Band 11   Werner Paravicini, Horst Wernicke (Hrsg.): Hansekaufleute in Brügge. Teil 3. Prosopographischer Katalog zu den Brügger Steuerlisten 1360-1390. Bearbeitet von Ingo Dierck, Sonja Dünnebeil und Renée Rößner. 1999.

Band 12   Werner Paravicini (Hrsg.): Europäische Reiseberichte des späten Mittelalters. Eine analytische Bibliographie. Teil 2: Französische Reiseberichte, bearbeitet von Jörg Wettlaufer in Zusammenarbeit mit Jacques Paviot. 1999.

Band 13   Nils Jörn, Werner Paravicini, Horst Wernicke (Hrsg.): Hansekaufleute in Brügge. Teil 4. Beiträge der Internationalen Tagung in Brügge April 1996. 2000.

Band 14   Werner Paravicini (Hrsg.): Europäische Reiseberichte des späten Mittelalters. Eine analytische Bibliographie. Teil 3. Niederländische Reiseberichte. Nach Vorarbeiten von Detlev Kraack bearbeitet von Jan Hirschbiegel. 2000.

Band 15   Werner Paravicini (Hrsg.): Hansekaufleute in Brügge. Teil 5. Renée Rößner: Hansische Memoria in Flandern. Alltagsleben und Totengedenken der Osterlinge in Brügge und Antwerpen (13. bis 16. Jahrhundert). 2001.

Band 16   Werner Paravicini (Hrsg.): Hansekaufleute in Brügge. Teil 6. Anke Greve: Hansische Kaufleute, Hosteliers und Herbergen im Brügge des 14. und 15. Jahrhunderts. 2011.

Band 17   Sonja Dünnebeil (Hrsg.): Die Protokollbücher des Ordens vom Goldenen Vlies. Teil 4: Der Übergang an das Haus Habsburg (1477 bis 1480). Vorwort von Werner Paravicini. 2016.

Band 18   Valérie Bessey / Jean-Marie Cauchies / Werner Paravicini (éds.) Les ordonnances de l'hôtel des ducs de Bourgogne. Volume 3: Marie de Bourgogne, Maximilien d'Autriche et Philippe le Beau 1477-1506. 2018.

Band 19   Valérie Bessey / Sonja Dünnebeil / Werner Paravicini (Hrsg.) Die Hofordnungen der Herzöge von Burgund. Band 2: Die Hofordnungen Herzog Karls des Kühnen 1467–1477. 2020.

Reihe E: **Beiträge zur Sozial- und Wirtschaftsgeschichte**

Hrsg. von Gerhard Fouquet

Band 1   Thomas Hill / Dietrich W. Poeck (Hrsg.): Gemeinschaft und Geschichtsbilder im Hanseraum. 2000.

Band 2   Gabriel Zeilinger: Die Uracher Hochzeit 1474. Form und Funktion eines höfischen Festes im 15. Jahrhundert. 2002.

Band 3   Sascha Taetz: Richtung Mitternacht. Wahrnehmung und Darstellung Skandinaviens in Reiseberichten städtischer Bürger des 16. und 17. Jahrhunderts. 2004.

Band 4   Harm von Seggern / Gerhard Fouquet / Hans-Jörg Gilomen (Hrsg.): Städtische Finanzwirtschaft am Übergang vom Mittelalter zur Frühen Neuzeit. 2007.

Band 5   Gerhard Fouquet (Hrsg.): Die Reise eines niederadeligen Anonymus ins Heilige Land im Jahre 1494. 2007.

Band 6   Sven Rabeler: Das Familienbuch Michels von Ehenheim (um 1462/63-1518). Ein niederadliges Selbstzeugnis des späten Mittelalters. Edition, Kommentar, Untersuchung. 2007.

Band 7 Gerhard Fouquet / Gabriel Zeilinger (Hrsg.): Die Urbanisierung Europas von der Antike bis in die Moderne. 2009.

Band 8 Dietrich W. Poeck: Die Herren der Hanse. Delegierte und Netzwerke. 2010.

Band 9 Carsten Stühring: Der Seuche begegnen. Deutung und Bewältigung von Rinderseuchen im Kurfürstentum Bayern des 18. Jahrhunderts. 2011.

Band 10 Sina Westphal: Die Korrespondenz zwischen Kurfürst Friedrich dem Weisen von Sachsen und der Reichsstadt Nürnberg. Analyse und Edition. 2011.

Band 11 Ulf Dirlmeier: Menschen und Städte. Ausgewählte Aufsätze. Herausgegeben von Rainer S. Elkar, Gerhard Fouquet und Bernd Fuhrmann. 2012.

Band 12 Anja Voßhall: Stadtbürgerliche Verwandtschaft und kirchliche Macht. Karrieren und Netzwerke Lübecker Domherren zwischen 1400 und 1530. 2016.

Band 13 Ulrike Förster: Selbstverständnis im Spannungsfeld zwischen Diesseits und Jenseits. Die Lübecker Ratsherrenwitwen Telse Yborg (gest. vor 1442), Wobbeke Dartzow (gest. 1441/42) und Mette Bonhorst (gest. 1445/46). 2017.

Band 14 Maria Seier: Ehre auf Reisen. Die Hansetage an der Wende zum 16. Jahrhundert als Schauplatz für Rang und Ansehen der Hanse(städte). 2017.

Band 15 Gerhard Fouquet / Marie Jäcker / Denise Schlichting (Hrsg.): Kindheiten und Jugend in Deutschland (1250-1700). Ein Quellenlesebuch. Mit einem Beitrag von Lorena Rüffer. 2018.

Reihe F: Beiträge zur osteuropäischen Geschichte

Hrsg. von Ludwig Steindorff und Martina Thomsen

Band 1 Peter Nitsche (Hrsg.), unter Mitarbeit von Ekkehard Klug: Preußen in der Provinz. Beiträge zum 1. deutsch-polnischen Historikerkolloquium im Rahmen des Kooperationsvertrages zwischen der Adam-Mickiewicz-Universität Poznań und der Christian-Albrechts-Universität zu Kiel. 1991.

Band 2 Rudolf Jaworski (Hrsg.): Nationale und internationale Aspekte der polnischen Verfassung vom 3. Mai 1791. Beiträge zum 3. deutsch-polnischen Historikerkolloquium im Rahmen des Kooperationsvertrages zwischen der Adam-Mickiewicz-Universität Poznań und der Christian-Albrechts-Universität zu Kiel, unter Mitarbeit von Eckhard Hübner. 1993.

Band 3 Peter Nitsche (Hrsg.): Die Nachfolgestaaten der Sowjetunion. Beiträge zur Geschichte, Wirtschaft und Politik. Herausgegeben unter Mitarbeit von Jan Kusber. 1994.

Band 4 Stephan Conermann / Jan Kusber (Hrsg.): Die Mongolen in Asien und Europa. 1997.

Band 5 Randolf Oberschmidt: Rußland und die schleswig-holsteinische Frage 1839-1853. 1997.

Band 6 Rudolf Jaworski / Jan Kusber / Ludwig Steindorff (Hrsg.): Gedächtnisorte in Osteuropa. Vergangenheiten auf dem Prüfstand. 2003.

Band 7 Ulrich Kaiser: Realpolitik oder antibolschewistischer Kreuzzug? Zum Zusammenhang von Rußlandbild und Rußlandpolitik der deutschen Zentrumspartei 1917-1933. 2005.

Band 8 Annelore Engel-Braunschmidt / Eckhard Hübner (Hrsg.): Jüdische Welten in Osteuropa. 2005.

Band 9 Martin Aust / Ludwig Steindorff (Hrsg.): Russland 1905. Perspektiven auf die erste Russische Revolution. 2007.

Band 10 Sven Freitag: Ortsumbenennungen im sowjetischen Russland. Mit einem Schwerpunkt auf dem Kaliningrader Gebiet. 2014.

Reihe G: Beiträge zur Frühen Neuzeit

Hrsg. von Olaf Mörke

Band 1 Rolf Schulte: Hexenmeister. Die Verfolgung von Männern im Rahmen der Hexenverfolgung von 1530-1730 im Alten Reich. 2000. 2., ergänzte Auflage 2001.

Band 2 Jan Klußmann: Lebenswelten und Identitäten adliger Gutsuntertanen. Das Beispiel des östlichen Schleswig-Holsteins im 18. Jahrhundert. 2002.

Band 3 Daniel Höffker / Gabriel Zeilinger (Hrsg.): Fremde Herrscher. Elitentransfer und politische Integration im Ostseeraum (15.-18. Jahrhundert). 2006.

Band 4 Volker Seresse (Hrsg.): Schlüsselbegriffe der politischen Kommunikation in Mitteleuropa während der frühen Neuzeit. 2009.

Band 5 Björn Aewerdieck: Register zu den Wunderzeichenbüchern Job Fincels. 2010.

Band 6 Tatjana Niemsch: Reval im 16. Jahrhundert. Erfahrungsräumliche Deutungsmuster städtischer Konflikte. 2013.

Band 7 Martin Pabst: Die Typologisierbarkeit von Städtereformation und die Stadt Riga als Beispiel. 2015.

Reihe H: Beiträge zur Neueren und Neuesten Geschichte

Hrsg. von Christoph Cornelißen

Band 1 Lena Cordes: Regionalgeschichte im Zeichen politischen Wandels. Die Gesellschaft für Schleswig-Holsteinische Geschichte zwischen 1918 und 1945. 2011.

Band 2 Birte Meinschien: Michael Freund. Wissenschaft und Politik (1945-1965). 2012.

Band 3 Stefan Bichow: Die Universität Kiel in den 1960er Jahren. Ordnungen einer akademischen Institution in der Krise. 2013.

www.peterlang.com

www.ingramcontent.com/pod-product-compliance
Lightning Source LLC
Chambersburg PA
CBHW031548260326
41914CB00002B/322